青少年心理自助文库
成功丛书

U0684003

习 惯

年年岁岁花相似

刘兴彪/著

习惯始于点滴，长于循环重复。
如何去改变根深蒂固的习惯，
把握自己的命运?

中国出版集团　现代出版社

图书在版编目（CIP）数据

习惯:年年岁岁花相似 / 刘兴彪著. —北京：现代出版社，2013.11
（2021.3 重印）

（青少年心理自助文库）

ISBN 978-7-5143-1948-4

Ⅰ. ①习…　Ⅱ. ①刘…　Ⅲ. ①习惯性 – 能力培养 – 青年读物
②习惯性 – 能力培养 – 少年读物　Ⅳ. ①B842.6 – 49

中国版本图书馆 CIP 数据核字（2013）第 275996 号

作　　者　刘兴彪
责任编辑　刘宝明
出版发行　现代出版社
通讯地址　北京市安定门外安华里 504 号
邮政编码　100011
电　　话　010 – 64267325 64245264（传真）
网　　址　www.1980xd.com
电子邮箱　xiandai@ cnpitc. com. cn
印　　刷　河北飞鸿印刷有限责任公司
开　　本　710mm×1000mm　1/16
印　　张　12
版　　次　2013 年 11 月第 1 版　2021 年 3 月第 3 次印刷
书　　号　ISBN 978-7-5143-1948-4
定　　价　39.80 元

P 前 言
REFACE

为什么当今时代一部分青少年拥有幸福的生活却依然感觉不幸福、不快乐？又怎样才能彻底摆脱日复一日的身心疲惫？怎样才能活得更真实、更快乐？越是在喧嚣和困惑的环境中无所适从，我们越是觉得快乐和宁静是何等的难能可贵。其实，正所谓"心安处即自由乡"，善于调节内心是一种拯救自我的能力。当我们能够对自我有清醒认识、对他人能宽容友善、对生活无限热爱的时候，一个拥有强大的心灵力量的你将会更加自信而乐观地面对一切。

青少年是国家的未来和希望。对于青少年的心理健康教育，直接关系着下一代能否健康成长，能否承担起建设和谐社会的重任。作为家庭、学校和社会，不能仅仅重视文化专业知识的教育，还要注重培养孩子们健康的心态和良好的心理素质，从改进教育方法上来真正关心、爱护和尊重他们。如何正确引导青少年走向健康的心理状态，是家庭、学校和社会的共同责任。因为心理自助能够帮助青少年解决心理问题、获得自我成长，最重要之处在于它能够激发青少年自我探索的精神取向。自我探索是对自身的心理状态、思维方式、情绪反应和性格能力等方面的深入觉察。很多科学研究发现，这种觉察和了解本身对于心理问题就具有治疗的作用。此外，通过自我探索，青少年能够看到自己的问题所在，明确在哪些方面需要改善，从而"对症下药"。

每个人赤条条来到世间，又赤条条回归"上苍"，都要经历其生老病死和喜怒哀乐的自然规律。然而，善于策划人生的人就成名了、成才了、成功了、富有了,一生过得轰轰烈烈、滋滋润润。不能策划的人就生活得悄无声息、平平淡淡,有些甚至贫穷不堪。甚至是同名同姓、同一个时间出生的人,也仍然不可能有一样的生活道路、一样的前程和运势。

人们过去总是把它归结为命运的安排,生活中现在也有不少人仍然还是这样认为,是上帝的造就。其实,只要认真想一想,再好的命运如果没有个人的主观努力,天上不会掉馅饼,地上也不会长钞票;再坏的命运,只要经过个人不断的努力拼搏,还是可以改变人生道路的。

古往今来,没有策划的人生不是完美的人生,没有策划的人只能是碌碌无为的庸人、畏畏缩缩的小人、浑浑噩噩的闲人。

在社会人群中,2∶8规律始终存在,22%的人掌握着78%的财富,而78%的人只有22%的财富,在这22%的成功人士中,几乎可以说都是经过策划才成名、成才、成功的。

策划的人生由于有目标有计划,因而在其人生的过程中是充实的、刺激的、完美的、幸福的。策划可以使人兴奋,策划可以使人激动,策划可以使人上进。

本丛书从心理问题的普遍性着手,分别描述了性格、情绪、压力、意志、人际交往、异常行为等方面容易出现的一些心理问题,并提出了具体实用的应对策略,以帮助青少年读者驱散心灵的阴霾,科学调适身心,实现心理自助。

本丛书是你化解烦恼的心灵修养课,可以给你增加快乐的心理自助术。本丛书会让你认识到:掌控心理,方能掌控世界;改变自己,才能改变一切。本丛书还将告诉你:只有实现积极心理自助,才能收获快乐人生。

C目 录
ONTENTS

第一篇

习惯的力量

习惯是什么？一种动作，一种行为，多次重复，就能进入人的潜意识，变成习惯性动作，这就叫习惯。习惯一经养成就会成为支配人生的一种力量，成了行为的自动化，不需要特别的意志努力，不论在什么情况下他都会按已形成的意志去行动。

良好的行为习惯并非天生具有的，完全可以通过后天来培养，让我们牢记著名心理学家威廉·詹姆斯的一句话："播下一个行动，你将收获一种习惯，播下一种习惯，你将收获一种性格，播下一种性格，你将收获一种命运。"

用习惯赢得未来

一切都是习惯造成的结局

习惯无时无刻不在左右着我们的行为，影响着我们的日常生活。

生活中，我们总能听到一些人对自己和他人说："习惯了，习惯了……"习惯已经成了一些人对付错误的挡箭牌，无论遇到什么失误总会用习惯来说事。

其实，习惯也是一把双刃剑，也有好坏之分，它可以成就我们，也可以危害我们。好的习惯可以让我们的工作、生活变得更加井井有条，而坏的习惯却可能使我们步入人生的歧途；同样，它会让我们做出善事，也会让我们造就恶业。

你无论是在思维方式还是在工作、生活中的一些不经意的行事方式，都能觉察到习惯所造成的轨迹——个人的卫生、形象、身体健康、行为处世、社交、口才、婚姻、爱情……一切的一切都逃不出习惯存在的踪影。

习惯有好坏之分，我们保留好习惯，改变坏习惯，这样才可以让我们更加平安地走向未来，飞向更高的天空，才可以让我们享受到更多的自由和自在，我们才会更有成就感。

习惯对于每个人都很重要，一旦一个人对某件事产生了习惯，你就会发现有它的时候我们做这件事就会变得轻而易举，一点也不困难。而在未形成习惯之前，我们往往会费很大的力气才能把事做好。这就是习惯的作用，因为它已经变成了我们下意识或潜意识中的行为了，如何去做事已经成了自然而然的。

曾经看过这样一个故事：

在古埃及的亚历山大图书馆，曾经拥有着最丰富的古籍收藏。可是，当公元5世纪图书馆被毁于一旦时，其珍藏的大量古代智慧也随之永远地消逝了。但是，这其中竟有一本并不贵重的书，却免遭毁坏，幸免于这场灾难。

后来有一天，一个穷人花了几个铜板买下了这本书。当他打开书时，他竟然在这本书里发现了一样非常有趣的东西——一张薄薄的羊皮纸，上面写着点石成金的秘密。羊皮纸上说："有一种小而圆的石头非常奇特，这种石头可以把任何普通的金属变成纯金，这种奇石就在黑海的岸边。但是，要找到这种奇石只有一个办法，就是必须用手亲自去触摸石头，因为这种石头虽然在外观上与其他的石头没有什么两样，可普通石头摸起来是凉的，它却是温的。"

于是，这个穷人便变卖了自己所有的家当，带着简单的行囊露宿在了黑海的岸边，每一天他所做的事情就是摸遍所有脚下的石头。为了避免重复摸石头，这个穷人想到了一个办法，就是每当拾起一块石头，只要石头不是温的而是冰凉的，他就会把它丢到大海里去。就这样，一天天、一年年地过去了，他仍然坚持不懈地抓摸每一块拾起的石头。

突然有一天，他终于感触到了一块石头是温的，他非常激动，这一发现也使他早已变得沉寂的心突然间加速，他激动地挥舞着双臂欢呼起来。但是，就在这时，他却又一次习惯性地把石头扔到了大海里。因为这个动作太根深蒂固了，以至于当他梦寐以求的宝贝出现时，他竟然不知不觉地再一次做了这个动作。

这就是习惯，是再自然不过的一个动作，但恰恰是这样的一个不经意的动作，造成了这个人所有的成就都毁于一旦。

人们常说"习惯成自然"，就是说习惯是一种最省时、最省力的自然动作，因为有个习惯存在时，你完全可以不假思索地就自觉地、经常地、反复地去做事了。习惯就是一种潜意识的自动功能，是一种不假思索的、多次重复而形成的潜意识行为，一旦养成就难以察觉。

美国心理学家詹姆斯说："我们从清晨起来到晚上睡觉，99%的动作都纯粹是下意识的、习惯性的，包括穿衣、吃饭、跳舞乃至日常谈话的大部分方式，也都是由不断重复的、条件反射行为固定下来的、千篇一律的东西。"

习惯是一种顽强而巨大的力量，有时一个小小的习惯就可能会束缚住我们的手脚。习惯若不是最好的仆人，就是最差的主人，因为它具有定型作用。

19世纪的心理学家威廉·詹姆斯说："正是习惯使得那些从事最艰苦、最乏味职业的人们没有抛弃自己的工作；也正是习惯，注定了我们每一个人都只能在自己所接受的教育和最初选择的范畴内生活，并为那些自己虽然并不认同，但却别无他选的某种追求而付出最大的努力；还是习惯，把我们的社会的不同阶层清晰地划分了开来……"

詹姆斯不仅注意到了习惯的巨大力量是如何影响整个社会的架构，同时也指出了改变习惯的艰巨和不易。

习惯就是这样，它犹如一把双刃剑，固然可以帮助你达到成功，提高你的人生价值，但也同样会阻碍你成功，束缚你的手脚，甚至会摧毁你的一生。正如拿破仑·希尔所说："习惯能成就一个人，也能摧毁一个人。"所以，我们要尽量养成好习惯，摒弃坏习惯，这样才会对自己的一生大有裨益。

习惯导致成功与失败

成功是一种习惯，失败是一种习惯。良好的习惯是我们走向成功的巨大力量，成功与失败的最大区别来自不同的习惯。

习惯是行为的自动化，不需要特别的意志努力，不需要别人的监控，在什么情况下就按什么规则去行动。习惯成自然，成了自然的习惯就只有顺其自然，一成不变地顺应自然、顺应习惯。好的习惯会让我们受益终身，坏的习惯如果不及时纠正，带来的负面影响也是巨大的。

一天，一位睿智的教师与他的年轻学生一起在树林里散步。教师突然停了下来，并仔细看着身边的四株植物。第一株植物是一棵刚刚冒出土的幼苗；第二株植物已经算得上是挺拔的小树苗了，它的根牢牢地盘踞在肥沃的土壤中；第三株植物已然枝叶茂盛，差不多与年轻学生一样高大了；第四株植物是一棵巨大的橡树，年轻学生几乎看不到它的树冠。

老师指着第一株植物对他的年轻学生说："把它拔起来。"年轻学生用手指轻松地拔出了幼苗。

"现在，拔出第二株植物。"

学生听从老师的吩咐，略加力量，便将小树苗连根拔起。

"好了，现在拔出第三株植物。"

学生用一只手进行了尝试，然后改用双手全力以赴。最后，树木终于倒在了筋疲力尽的年轻学生的脚下。

"好的，"老师接着说道，"去试一试那棵橡树吧！"

年轻学生抬头看了看眼前巨大的橡树，想了想自己刚才拔那棵小得多的树木时已然筋疲力尽，所以他拒绝了教师的提议，甚至没有去做任

何尝试。

"我的孩子，"老师叹了一口气说道，"你的举动恰恰告诉你，习惯对生活的影响是多么巨大啊！"

其实，我们的习惯就像是故事中的植物一样，幼苗很容易拔除，而随着时间的推移，越是根深蒂固，越是难以根除。故事中的橡树是如此巨大，就像是积久形成的习惯那样令人生畏，让人甚至怯于尝试改变它。还有值得一提的是，习惯与习惯之间也存在着不同，其中有些习惯比另一些习惯更难以改变。不仅坏习惯如此，好习惯也不例外。也就是说，好习惯一旦养成了，它们也会像故事中的橡树那样，忠诚而牢固。习惯在这种由幼苗长成巨树的过程中，被重复的次数越多，存在的时间也就越长，它们也就越难以改变。

任何一种行为只要不断地重复，就会成为一种习惯。同样的道理，任何一种思想只要不断地重复，也会成为一种习惯，在不知不觉中影响人的行为。

北京有一家外资企业招工，对学历、外语、身高、相貌的要求都很高，但薪酬也很高，所以有很多高素质人才都来应聘。最后有三个年轻人凭着自己的努力，过五关斩六将，到了最后一关：总经理面试。

年轻人想，这很简单，只不过是走走过场罢了，准十拿九稳了。

没想到，这一面试出问题了。一见面，总经理说："很抱歉，年轻人，我有点急事，要出去10分钟，你们能不能等我？"年轻人说："没问题，您去吧，我们等您。"老板走了，年轻人一个个踌躇满志，得意非凡，闲不着，围着老板的大写字台看，只见上面文件一摞，信一摞，资料一摞。年轻人你看这一摞，我看这一摞，看完了还交换：哎哟，这个好看。

10分钟后，总经理回来了，说："面试已经结束。""没有啊？我们还在等您啊。"老板说:"我不在的这一段时间,你们的表现就是面试。很遗憾,你们没有一个人被录取。因为,本公司从来不录取那些乱翻别人东西的人。"

这些年轻人一听,顿时捶胸顿足。他们为什么这么感慨万千呢?他们说:"我们长这么大,就从来没听说过不能乱翻别人的东西。"

有什么样的习惯,就会带来什么样的结果,这些都是可以预见的。如果很不幸,你拥有很多坏习惯,那么当坏习惯的恶果在当时或最后显现出来的时候,这样的苦酒只能你一个人去慢慢品尝了。

所以,能否改掉坏习惯,培养好习惯,就是能否获取人生幸福的关键。一个个好习惯,犹如一级一级的登山阶梯,助你收获喜悦,走向成功!

心灵悄悄话

习惯与我们形影相随,在人生道路上,好习惯点燃我们心灵之灯,无声地引导着我们的行为,默默影响着我们一生。让我们养成良好持久的习惯,让心灵世界充满阳光。

习惯是天性的一部分

习惯是行为的载体，一经形成就会具有很强的生命力。如果你希望出类拔萃，希望生活方式与众不同，那么，你就必须明白这一点：**是你的习惯决定着你的未来。**

好习惯是健康人格之根基

好习惯是健康人格之根基，好习惯的养成正是一个人完整品德结构发展中质变的核心，也是成功人生的根基。

人格是一生最重要的筹码，倘若因为坏习惯的存在而使自己的信用破产，就等于典当了自己的人格。

一个人的习惯会影响到他的品格，并影响其日后的发展。有些人原来品格优良，但后来因为沾染了一种恶习，结果再也没有出头之日。这些人一开始并不注意自己的习惯，觉得那些只是暂时的小事。但是，久而久之，这样的人便会因为一些恶习而被他人所排挤。

这个时候，他很可能会懊悔起来，开始反思：真没想到那样随便玩玩也会成为改不了的癖习。但是，这时再懊悔又有什么用呢？如果一个人能凭着自己的良好品性，让他人在心里暗自佩服他、认同他、信任他，那么这个人就等于拥有了成功的优势。

但是，真正懂得如何获取别人信任的人少之又少。大多数的人都在无意之中为自己迈向成功的路上设置了一些阻碍，比如有些人态度不好，有些人缺乏机智，有些人则不善待人接物，这些不良的习惯常常使一些有意和他深交的人感到失望。

一个有志成功的人，为了自己的前途，无论如何都不会为那些看似不足为奇的小毛病而诱惑，他们在任何诱惑面前都会以坚定决心守住自己。他能自我克制：不饮酒、不参与赌博、不弄虚作假、不因为毫无意义的项目而举债、不上赛马场。他的娱乐项目大多都会是正当而有意义的。否则，只要稍动邪念，他就可以一下毁掉自己的信用、品格和成功。

一个人要想赢得他人的信任，一定要下极大的决心，花费大量的时间，不断努力改掉这些坏习惯。如果仔细分析一个人失败的原因，就可知道大多数人都会存在着种种不良习惯。

在生活和工作中，一个人想要获得他人的信任，就必须实实在在地做出业绩，证明自己的确是判断敏锐、才学过人、富于实干的人，必须注意自我的修养，善于自我克制，努力做到诚恳认真，建立起良好的名誉。

要获得他人的信任，除了要有正直、诚实的品格外，还要有敏捷、正确的做事习惯。要做到随时设法纠正自己的缺点，做到忠实可靠，做到言出必有信，与人交往时必须诚实无欺。即使是一个资本雄厚的人，如果做事优柔寡断，头脑不清，缺乏敏捷的手腕和果断的决策能力，那么他的信用仍然维持不住。

大家都知道，在许多银行贷款时，银行信贷员在每贷出一笔款项之前，都会对申请人的信用状况做一番深入的调查：对方公司的营运状况是否稳定；企业法人的个性是沉稳内敛还是好大喜功，这些都必须认定是确实很可靠，没有问题时，他们才会确定贷出款项。而有些人，虽然资本雄厚，但品行不好、不值得人信任，银行也绝不会贷给他一分钱的。

任何人都应该懂得："人格就是一生最重要的资本。"一个想成就

大事的人，都需要保守住这种最宝贵的资本——良好的习惯。习惯所体现出来的人格中自动化的、稳定的行为方式和特征，就是组成人格特质的重要基础。所以，习惯就是人格特质的重要表征之一。

人格与习惯紧密相关，这是自古以来很多学者的观点，明代被称为"前七子"之一的王廷相就认为"凡人之性成于习"，明末清初杰出的思想家王夫之也提出"习成而性与成"。因此，很多学者研究人格时，都会直接使用习惯作为基础概念对人格的内涵进行界定。

"人格"是一个很学术的名词，而实际上，人格是我们在日常生活中经常感受到的现象。就像一个人给人的印象是乐观自信、不怕失败、活跃而有创造力，人们就会说他："这个人具有健康的人格。"相反，如果一个人缺乏安全感，常常自卑，或是常常主动攻击他人，人们就会说他："这个人很可能有人格障碍。"

什么是人格？简单地说，就是每个人的行为、心理的一些特征，这些特征的总和就是人格。人格的形成是先天的遗传因素和后天的环境、教育因素相互作用的结果。美国神经病学家埃里克就指出："人在生长过程中，都会有一种注意外界的需要，并与外界相互作用，而个人的健全人格正是在与环境的相互作用中形成的。"

习惯就是在长期的生活和工作中逐渐养成的，所以习惯一旦养成就不容易改变，就极容易变为自动化动作的需要了。因此，也可以说习惯是人在一定的情境中所形成的相对稳定的、自动化的一种行为方式，是一个人人格物质的外现。

譬如，一个人在吃饭之前有洗手的习惯，这就是生活方面基本卫生习惯的外现；一个人能尊老爱幼、遵守交通规则，这就是遵守社会公德性习惯的外现；还有的人，在思考问题的时候总是要在房间内来回地走动才会有思路，而有人则喜欢一个人闭上眼睛默默地思考才更有效，这些都是每个人所特有的一些习惯外现。

习惯总是表现在一个人的行为中，而且是比较稳定和自动的。所以，从一个人的习惯就可以看出这个人的人格是否健康，因为这个人所持有的人格表现都已经体现在他的习惯之中了。

习惯与人格的关系是相辅相成的。习惯会影响人格，人格也会影响习惯。很多人都没有注意到，越是细小的事情，越容易给人留下深刻的印象。有些人原来品格优良，但后来因为沾染了一些小恶习，结果就再也没有了出头之日。

一个人一旦失信于人一次，别人下次就会再也不愿意和他交往或发生贸易往来。别人宁愿去找信用可靠的人，也不愿再找他，因为他的不坚守信用很可能会生出许多麻烦来。

人格就是力量，从某种意义上来说，这句话比"知识就是力量"更为重要、更为正确。

成功源于良好的习惯

培根在《论习惯》中告诫我们："人的思考取决于动机，语言取决于学问和知识，而他们的行动，则多半取决于习惯。"习惯决定性格，性格决定命运，可见习惯对于人生而言影响之深、力量之巨。

好习惯是成功的阶梯，成功源于良好的习惯。一个人要想在事业上取得成功，就必须养成良好的习惯。

1978 年，75 位诺贝尔奖获得者在巴黎聚会。有人问其中一位："你在哪所大学、哪所实验室里学到了你认为最重要的东西呢？"

出人意料，这位白发苍苍的学者回答说："是在幼儿园。"

又问："在幼儿园里学到了什么呢？"

学者答："把自己的东西分一半给小伙伴们；不是自己的东西不要拿；东西要放整齐；饭前要洗手；午饭后要休息；做了错事要表示歉意；学习要多思考，要仔细观察大自然。从根本上说，我学到的全部东西就是这些。"

これ位学者的回答，代表了与会科学家的普遍看法：成功源于良好的习惯。

2001年7月份，南方一家颇有名气的青年刊物，隆重地推出一篇调查——《告诉你一个真实的安子》，使人们再次聚焦20世纪90年代初期民工潮中出现的成功人物。

那年，17岁的乡下姑娘安丽娇（安子），初中没毕业，怀揣着希望和茫然，独自一人从广东梅县扶大乡闯到深圳。像成千上万的打工妹一样，安子在一家港资电子厂，成了流水线上的插件工。插件工枯燥苦累。一天工作12小时，没干多少天，手指上便是一团团黑黑的淤血，十指连心地痛。但在繁重打工之余，安子还是用学习来充实自己的每一天：从自学初中课程，一直到深圳大学中文系大专课程，打工七年间，安子坚持自学了六年半。七年打工收入，几乎全交了学费。

1991年，安子在打工之余，将打工日记加工创作成《青春驿站——深圳打工妹写真》在报纸连载，"反响始料不及，读者的信件雪片般飞来。曾经一个星期内，收到200多封信。"随后，《都市寻梦》等文学作品相继面世。深圳广播电台力邀安子主持"安子的天空"。数以万计在都市寻梦的进城务工青年，渴求在这片天空中获得心灵的慰藉。

八年不到的时间，一个普通打工妹完成"蛾变蝶"的全部过程。今天的安子，是四家公司的总经理，其中"新家政服务公司"，是深圳规模最大、最规范的十家同类企业之一。

面对众多的评论，安子坚持认为，她的成功是靠努力向上的习惯一点一滴积累而成！她说："时代给了我机会，而能抓住机会，是因为我付出了太多的泪水和汗水。"

英国唯物主义哲学家、现代实验科学的始祖、科学归纳法的奠基人培根，一生成就斐然。在谈到习惯时，他深有感触地说："习惯真是一种顽强而巨大的力量，它可以主宰人的一生，因此，人应该通过教育培养一种良好的习惯。"

无独有偶。1998 年 5 月，华盛顿大学 350 名学生有幸请来世界巨富沃伦·巴菲特和比尔·盖茨演讲。当学生们问到"你们怎么变得比上帝还富有"这一有趣的问题时，巴菲特说："这个问题非常简单，原因不在智商。为什么聪明人会做一些阻碍自己发挥全部工效的事情呢？原因在于习惯。"

比尔·盖茨表示赞同，他说："我认为沃伦关于习惯的话完全正确。"此时，两位殊途同归的好朋友道出了自己成功的诀窍，即：好的习惯是成功的阶梯。

习惯是一个人独立于社会的基础，又在很大程度上决定人的工作效率和生活质量，并进而影响他一生的成功和幸福。因此，注重养成好的习惯，是人生迈向成功的第一步。

试想，一个爱睡懒觉、生活懒散又没有规律的人，他怎么约束自己勤奋工作？一个不爱阅读、不关心身外世界的人，怎能有开阔的胸襟和见识？一个自以为是、目中无人的人，他如何去和别人合作与沟通？一个杂乱无章、思维混乱的人，他做起事来的效率会有多高？一个不爱独立思考、人云亦云的人，他能有多大的智慧和判断能力？……

好习惯实际上是好方法——思想的方法，做事的方法。培养好习惯，即是在寻找一种成功的方法。成功源于良好的习惯，好习惯是成功的阶梯。你的好习惯越多，成功离你就会越近。

·心灵悄悄话·

有上进心、有毅力的人会在逆境中成长，悲观消极的人也许会破罐破摔。无论你属于哪一种，不可避免的，你在告诉自己一个众所周知的真理：这个世界上没有后悔药可以吃。

及时纠正不良习惯才能活得洒脱

习惯是一柄双刃剑，优秀是一种习惯，平庸甚至卑劣也是一种习惯；好习惯是人生进步的阶梯，坏习惯则是绊脚石。坏习惯，轻者会使人过于刻板，重者会触犯法律、导致失败，进而使人的心理和身体皆会受伤。

一个人从小就开始在拥挤的车站偷窃人家的财物，抢劫人家的钱包，久而久之，这种偷盗行为便可能成为一种恶习。由于养成了这种坏习惯，这个人迟早要接受法律的审判。

一个在责骂和嘲笑声中长大的孩子，会形成一种对所有他讨厌的人都进行攻击的乖戾习惯。成年以后，这种习惯很可能将他送进监狱。

一个孩子如果经常受到惩罚，或者他本可以自己干的事，大人都替他干了，他会自感不能做好任何事情。这样，他未来的生活就难免要失败了。因为他没有胆量去尝试，结果自然一事无成。

美国康奈尔大学的研究人员做过一个实验。他们将一只青蛙冷不防丢进煮沸的油锅里，在千钧一发的生死关头，这只反应敏捷的青蛙奋力跳出了油锅。之后，他们又盛了大半锅冷水，再把这只青蛙放进去，然后在锅底用炭火慢慢加温。青蛙不知究竟，悠然地在温水里享受"温暖"，等到它意识到水温之高已不可停留时，想奋力跃出，但为时已晚。

青蛙何以能自救于滚烫的油锅，却最终自戕于一锅温水？因为，明显的危害总是能够让我们竭尽全力去对付、去避免，而对于那些潜在的危害，却往往感觉迟钝、重视不足，最终铸成难以弥补的大错与大憾。

人生中自幼儿始逐渐养成的一些坏习惯，就是这样一盆慢慢升温的害人之水。

坏习惯对我们的生活有特别大的影响，因为它是一贯的。在不知不觉中，经年累月影响着我们的品德，暴露出我们的本性，左右着我们的成败。建议大家养成好习惯，不要做那只悠然地在温水里享受的"青蛙"。

事实上在日常生活中，我们每个人都或多或少、或这或那地存在着一种坏习惯。坏习惯是一种藏不住的缺点，这种通过潜意识表现出来的自动化的行为，自己看不见，而别人却能看得见，即使发生的这种行为并不一定是他自己希望的行为，但是一旦养成了习惯，便会身不由己，经常在不经意间会被他人看不顺眼。

有一句话说："学好难，学坏易。"当你养成坏习惯，想改掉它是需要一件下工夫的事情。任何行为一旦成了习惯就很难改变，它让你必须遵照它的驱使来行事，违背它你会感到万分难受和不安。不过，好习惯同样也有这样的力量，我们可以利用它，也正因此，我们才会努力培养好习惯。

举一个例子，比如，你养成了早上锻炼的习惯，有一天天冷，你不愿离开温暖的被窝，如果你不用自己的意志克服，你很容易就会被一时的懒惰打破你坚持已久的习惯。相反，坏习惯变成好习惯，不知道要花多大的工夫，抽烟的人就能深刻体会到这一点，大家都知道吸烟有害健康，但是要改掉它比上刀山下火海还难。

古人说："少成若天性，习惯如自然。"说的就是小的时候养成的习惯会和他的天性一样自然，这个时期养成的习惯决定了一个人的人格。由此可见，良好的生活习惯必须从小养成，从小养成的良好习惯对人一生有着深刻的影响。这种影响将伴随人们的一生，无论学习还是生活，做人或者处世。

其实，坏习惯的形成，追根溯源，是未成年时期的一些不良行为没有得到及时纠正，在时间的积淀中成为不由自主的惯性，成为携带一

生、影响一生、制约一生的"瓶颈"。

青少年时期是习惯养成的关键时期，也是避免形成坏习惯的最佳时期。因而，习惯养成是青少年的人生必修课。要拥有成功与幸福的人生，就要努力培养好习惯，不断克服坏习惯。做习惯的主人，不要让自己成为习惯的奴隶和仆人，拿出你的意志、魄力和自信，你完全可以改变坏习惯，养成好习惯。

心灵悄悄话 ✳

在人的一生中，要面临许许多多的选择。世间也许有太多的无奈，但是不要为自己的选择后悔。一切都是最好的安排，人生不可能是一帆风顺的，没有磨难的人生根本不是一个完整的人生，没有困苦的人生不是一个美丽的人生。

幸福取决于人的习惯

习惯不一样未来就不一样

每个人都有自己的习惯。习惯是一种自动化的、稳定的、不容易改变的动作。习惯动作已经进入潜意识，不需要经过大脑思考，不需要刻意用意志去控制。一个人好习惯越多，对他的成长越有利。相反，一个人坏习惯越多，就越阻碍他的成功。

俄国教育家乌申斯基对习惯作了一个形象的比喻，他认为：**"好习惯是人在神经系统中存放的资本，这个资本会不断地增长，一个人毕生都可以享用它的利息。而坏习惯是道德上无法还清的债务，这种债务能以不断增长的利息折磨人，使他最好的创举失败，并把他引到道德破产的地步。"**一个人如果养成了好习惯，就会一辈子享用不尽它的利息；如果养成了坏习惯，就会一辈子都偿还不完它的债务。这就是习惯的力量！

我国著名教育家陈鹤琴终生研究习惯教育，也认为："人类的动作十之八九是习惯，但是习惯不是一样的，有好有坏，习惯养得好，终身受其福；习惯养得不好，则终身受其害。"一个勤奋惯了的学生，不用别人说，他也会自觉学习，如果外人强迫他停止学习，去打游戏机，他会觉得不习惯，甚至厌烦别人的打扰，拒绝去打游戏机。一个懒惰惯了

的学生，别人不说，他总是懒得动，家长老师逼得没办法了，才学一点；但如果家长老师不说，外力一停，立即又不动了。

好习惯使人不由自主地去学习、去工作、去助人。为什么？回答：学惯了，不学难受；干惯了，不干难受；帮惯了，见到人有困难不帮便难受。坏习惯使人不知不觉地、很省力地、很轻松地去拖拉、去懒惰、去干扰人。他为什么那么做，细想起来，不为什么，也不是故意的，就是拖惯了、懒惯了、干扰惯了，不干扰难受。

习惯不仅影响一个人的日常生活，它有着更为强大的力量。正如拿破仑·希尔所说："习惯能成就一个人，也能摧毁一个人。"美国前第一富豪保罗·盖蒂对此就有过深刻的体会。

曾经，盖蒂的香烟抽得很凶，有一天，他开车到法国度假，那天正好下着大雨，地面特别泥泞，开了好几个小时的车子之后，他在一个小城里的旅馆过夜。吃过晚饭他便到自己的房间里休息，很快便进入了梦乡。

盖蒂清晨两点钟醒来，想抽一支烟。打开灯，他自然地伸手去找他睡前放在桌上的那包烟，结果是空的。他下了床，搜寻衣服口袋，结果毫无所获。他又搜索他的行李，希望在其中一个箱子里，能发现他无意中留下的一包烟，结果他又失望了。他知道旅馆的酒吧和餐厅早就关门了，心想，这时候要把不耐烦的门房叫过来，太不堪设想了。他唯一希望能得到香烟的办法是穿上衣服，走到火车站，但它至少在六条街之外。

情景看来并不乐观。外面仍下着雨，他的汽车停在离旅馆尚有一段距离的车房里，而且，别人提醒过他，车房是在午夜关门，第二天早上6点才开门。而且能够叫到出租车的机会也几乎等于零。

显然，如果他真的这样迫切地要抽一支烟，他只有在雨中走到车站。但是要抽烟的欲望不断地侵蚀着他，他想抽烟的欲望就越浓厚。于是他脱下睡衣，开始穿上外衣。他衣服都穿好了，伸手去拿雨衣，这时，他突然停住了，开始大笑，笑他自己。他突然体会到，他的行为多么不合乎逻辑，甚至荒谬。

盖蒂站在那儿寻思：一个所谓的知识分子，一个所谓的商人，一个自认为有足够理智对别人下命令的人，竟要在三更半夜，离开舒适的旅馆，冒着大雨走过好几条街——仅仅是为了得到一支烟。

盖蒂生平第一次注意到这个问题，他已经养成了一个不能自拔的习惯，他愿意牺牲极大的舒适，去满足这个习惯。这个习惯显然没有好处，他突然明确地注意到这点。头脑很快清醒过来，片刻就作了决定。他下定了决心，把那个仍然放在桌上的烟盒揉成一团，丢进废纸篓里。然后脱下衣服，再度穿上睡衣回到床上。带着一种解脱，甚至是胜利的感觉，他关上灯，闭上眼，听着打在门窗上的雨点声。几分钟之内，他进入了一个深沉、满足的睡眠中。

自从那天晚上以后，他再也没抽过一支烟，也没有抽烟的欲望。盖蒂说，他并不是利用这件事指责香烟或抽烟的人。常常回忆这件事，仅仅是为了表示，以他的情形来说，被一种恶习惯制服，已经到了不可救药的程度，差一点成为它的俘虏！

或许，我们还有很多的人未能意识到习惯的巨大力量。但是，习惯影响人生这一点是客观存在、毋庸置疑的。现实生活中，习惯无时无刻不在影响着我们的思维方式和行为模式。我们每天大部分的行为都是出自习惯的支配。可以说，几乎在每一天，我们所做的每一件事都是习惯使然。

习惯的好坏可以影响人的一生。美国心理学家威廉·詹姆斯说：**"播下一个行动，收获一种习惯；播下一种习惯，收获一种性格；播下一种性格，收获一种命运。"** 这就是说：习惯可以决定一个人一生的命运。所以说，一个人应该从小养成许多好的习惯。

容易被忽视的好习惯

好习惯的范围太广泛，在整个自我管理体系中，所有有助于成功以及品性培养、心志磨练的行为都可以成为好习惯。

习惯贯穿于我们的生活，我们的生活由行为组成，而行为受习惯的支配，所以生活的各个方面都会涉及相关的好习惯。一些比较重要又常常被人们忽视的习惯有以下几个。

1. 自我激励的习惯

在我们的生活中，不可能随时随地都能保持特别高昂的情绪，有的时候难免会出现伤心、悲观、失望、丧气等消极情绪。所以，当这些情绪出现时，就应当养成自我激励的习惯。

著名喜剧演员黄宏在一次春节联欢晚会上表演的小品《打气》揭示的主题就是自我激励，其中有一句台词："当你泄气的时候，给自己打打气；当你气满的时候，给自己放放气。"这句话虽然平淡，却道出了生活的哲理。养成自我激励的习惯，让自己更快地调整心态，对未来充满信心。

2. 自我解脱的习惯

现代人压力很大，为了生存竞争，拼命地工作，繁重的工作压得大家都喘不过气来。如果一根弹簧长时间处于紧缩状态，它会发生形变，失去原动力，如果人一直处于紧张状态会导致许多的生理和心理疾病。

适时地给自己减压，寻求自我解脱是非常必要的，当自己觉得压力过大时，不妨换一个环境或扔掉负担，只有这样，你才能继续开动机器。

3. 注意休息的习惯

人不是机器，不可能24小时不停地运转，何况机器也要适当地停工。人们在追求成功的时候，却忽视了自己的身体，其中主要的问题是不注意休息，这种做法很不明智。

休息可以让你产生更高的效率，绝不是浪费时间。成功人士都注意休息。美国石油大王约翰·洛克菲勒不仅是世界富豪，寿命也相当长，活到了 98 岁，其中最重要的原因是注意休息。他有午睡的习惯，在午睡时，即使总统打来电话他也不接。

4. 守时的习惯

人最大的缺点是办事不讲效率，没有时间观念，不过现在越来越多的人已认识到守时的重要性。守时不仅在工作中很重要，在人际关系上也很重要，守时可以增加别人对你的信任，说明你重视对方以及你们之间的约定。守时也反映一个人的精神气质，拖沓的人总是"姗姗来迟"，给人留下很不好的印象。守时的习惯会让你大为受益。

5. 简洁的习惯

凡事应该力求简洁，直截了当，切中要害。它既是一种机敏，也是一种智慧。

日常呼吸的空气，一旦经过压缩，就有了炸弹一样的力量，再坚固的岩石也抵挡不住。涓涓细流般的娓娓劝说，我们可能过后就忘，不留任何痕迹；但换成一声狮子吼，却有摧枯拉朽、涤荡一切的力量。话人人都会说，这不足为奇，但思想却像沙里淘到的金子，它才能真正启发大家的思考。

心灵悄悄话

养成好习惯不是一朝一夕的事情，需要你长期的努力和坚持。最重要的是看你的行动，没有行动，所有的计划都会成为废话。如果你现在决定养成好习惯，改掉坏习惯，记住，在应当付出行动时一定要对自己守信，不能以任何理由改变你的决定。

好习惯自己把握

良好的习惯是人生中重要的"链环"，它将伴随我们的理想之舟驶向彼岸，随我们在人生之路上驰骋！

我们的自我意象和习惯是结合在一起的。其中一方改变了，另一方也会自动地改变。"习惯"一词原来是一件衣服或一块布，这反映出习惯的真正本质。我们的习惯完全就是个性的外衣，它们不是偶然的或偶发的。我们的习惯就像衣服一样合身。它们同我们的自我意象，同我们整个的个性模式一致。我们有意识地、谨慎地培养新的好习惯时，自我意象就容易不适应旧的习惯，需要换上新的"款式"。

可以说，习惯仅仅是我们养成的一种自动进行而不需要"思考"或"决定"的反应，是由我们的创造性机制来执行的。

我们的表现、感觉和反应足有 95% 是习惯性的。钢琴家用不着"决定"该触哪一个琴键，舞蹈家用不着"决定"脚往什么地方移。他们的反应是自动的、不假思索的。同样，我们的态度、情感和信念也容易变成习惯性的。过去我们"学到"：特定的态度、感觉和思维方式是与特定的环境"相适应"的。现在，只要面临我们所认为是"同样的环境"，我们往往按照同样的方式来思考、感觉和行动。

我们应该理解的是，这些习惯与癖好不同，只要费费心思作个决定，再练习或"形成"新的反应或行为，习惯就能修正、改变，甚至完全扭转。钢琴家要加以选择的话，可以有意识地决定按另一个琴键，舞蹈家可以有意识地"决定"学会一个新的舞步——而且没有什么苦恼。完全学会新的行为模式需要的是不停的注意和不停的练习。

你穿鞋时，习惯上不是先穿右脚就是先穿左脚。你系鞋带时，习惯上不是把右手的鞋带从左手的鞋背后绕过来，就是反着绕。明天早晨，你想好要先穿哪只鞋、怎样系鞋带，然后你有意识地下决心在 21 天里形成一个新的习惯——先穿另一只鞋、相反的方向系鞋带。每天早晨以特定的方式穿鞋系带，用这种简单的举动提醒自己：在这一整天里都要改变其他的习惯性思考、感觉与行为。在系鞋带时对自己说："今天我以一种新的、更好的方式开始。"然后，一整天内都有意识地下这样的决心：

1. 我要尽量精神愉快。

2. 我对别人的感觉和行为要友善一些。

3. 我对别人及其错误、失败和过失要少苛求，多容忍。要尽可能从最好的角度来解释他们的行动。

4. 我要尽可能地表现得对成功有把握，觉得自己就是我所希望的个性。我要练习在"行动"和"感觉"上都像是这个新的个性。

5. 我不让自己的观念给事实蒙上一层悲观或消极的色彩。

6. 我要练习每天至少微笑三次。

7. 不论发生什么情况，我的反应要尽可能地冷静和理智。

8. 对于无力改变的那些悲观的和否定的"事实"，我将完全不予理睬，拒之于头脑之外。

对上述行为坚持练习 21 天，"体验"这些步骤，看一看忧虑、负罪感或者敌意是否会消失，看一看信心是否会增强。

当然，良好的习惯并非一朝一夕就能养成的。我们要制订一个切实可行的计划。计划一定要切合实际，既不过高，也不过低，不追求十全十美。然后从制订计划的第一天起就开始实施。万事开头难，只要我们有了良好的开端，并不断地激励自己坚持下去，就会养成守时、勤奋、讲卫生、善于克服困难的好习惯。这些好习惯将使我们受益终生。

养成良好的习惯还需要我们下定决心，克服自身的惰性。心理学家通过研究发现，男女老幼各行各业的人们都易受到惰性的影响。四五岁

的小孩也会像成人那样说："妈妈，我不想干。"许多人由于缺乏良好的习惯而惰性大，在学业、事业等方面一无所成。克服惰性要求我们严格要求自己，战胜自己，不给自己寻找开脱的理由，相信自己经过坚持不懈的努力，一定能够到达成功的彼岸。

英国前首相玛格丽特·撒切尔是世界上著名的"铁娘子"、女强人。她曾经这样说："有时事务太忙，我也可能感到吃不消，但生活的秘诀实际上在于把百分之九十的生活变成习惯，这样你就可以习惯成自然了。毕竟你想都不用想就去刷牙，这是习惯。"有道是："播种思想，收获行动，播种行动，收获习惯。"只要你善于培养自己，良好的习惯就会属于你；只要你拥有良好的习惯，美好的人生就属于你！

心灵悄悄话

> 生活习惯的好坏，不仅影响儿童的身心健康而且是儿童综合素质的体现。它包括饮食、起居、排便、卫生等习惯，做到按时睡眠、起床、安静睡眠并有正确的睡姿，不挑食、不偏食、细嚼慢咽、饭前便后正确洗手、早晚刷牙、饭后漱口等。玩具玩完后必须放回原处，逐渐养成自己的东西自己整理和爱清洁、讲卫生、有条理的好习惯。

别让坏习惯植入你的思想

生活中的每一个人都有着许多好的习惯，同时也有着一些坏习惯。在我们处事交际过程中，应该保留这些好的习惯，而根除那些坏习惯。

在我们的性格中有许多惰性的东西，因为我们的民族文化中消极的思想也有所存在。中国人从感情上到思想上，从想象中到行动上有着太多的雷区。习惯是一种浸入骨髓的中国人的性格，更是一种情商痼疾。

因为害怕失败，我们没有对成功投入更多的情感；因为害怕破灭，我们没有对幻想寄托更大的热情。总之，正是这种从众的习惯心理，使得安于现状、安于习惯的心理得以传承。同时，习惯心理一旦有了"群众基础"，往往就把消极的思想和习惯同道德与文化及所谓的经验积淀熔铸在一起，成为社会的超稳定力量。

《孟子》里讲过这样一个故事：晋国的大臣赵简子有一次让他手下一位很有名气的驾驭能手王良给他自己最宠信的家童驾车去打猎。王良完全按照过去的规矩去赶车，结果整整一天这位家童连一只禽兽也没打到。于是这位家童回来就向赵简子报告说："谁说王良是最优秀的驭手呢？照今天的情况看，他实在是一个顶蹩脚的车夫。"后来有人把这话偷偷地告诉了王良，王良便去找这位家童，说是希望再为他驾一次车。这位家童开始不肯，经王良再三请求，最后才勉强答应。谁想结果这次与上次大不相同，仅仅一个早晨就打到了好多猎物，家童很高兴，赶紧跑去又向赵简子汇报，说是："这回我明白了，王良确实是天下最好的车把式。"

后来赵简子又让王良替这个家童赶车，王良却拒绝了，他对赵简子说："我替他按规矩驾驶车辆，这个人却射不到猎物，我不按规矩办，他却能打到禽兽，这说明他是个破坏规矩的小人，我不习惯给这样的人赶车，请允许我辞去这个差事。"

其实王良是一个好驭手，他既能按规矩赶车，也能不按规矩赶车，可他已经长时间习惯了老的赶车方式，心里只想墨守成规，一辈子按老框框办事，所以对破坏习惯的人心里充满了反感，自己不创新却到头反说别人破坏规矩。

我们知道驭手的主要职责就是给猎手创造条件，让他打到猎物，如果只能按规矩办，而不管猎手收获如何，那还叫什么本事呢？况且地形与道路千变万化，车子必须随机应变，根据当时的具体条件去驾驶，又怎么能光凭习惯赶车呢？一个赶车的都这么守护自己的习惯，这个世界怎么可能向前发展呢？

然而，这个故事所说明的情况又确实带有深刻的现实意义和普遍意义。因袭旧习惯的中国人可能不知道习惯势力对中国社会会产生怎样的消极影响。一个理论，一个道理，一种看法，一旦长期宣传，就会使人们从小耳濡目染，深入心底，结果就会形成习惯。而且，一旦形成习惯之后，就很难更改、很难变通，以后就会时时刻刻影响我们对事物的看法，对问题的分析，以及对是非的明辨。如果习惯成了一个国家一个社会阻碍时代前进的借口和砝码，那么，这样的习惯是应该扔出去喂狗了。

心灵悄悄话

父母要教育孩子，学习使用文明礼貌用语，同时，要注意培养孩子的文明举止，见人要热情地打招呼，别人问话要先学会倾听，并有礼貌地回答，保持服装整洁，站有站相，坐有坐相。

第二篇

用心打造好习惯

人生旅途犹如逆水行舟，一味按习惯办事就不会有前进的勇气，只有打破习惯的枷锁，才能在逆流中前行，否则就只能被改革的滚滚大潮所淹没。

人们总是过于在意成功人士所表现出来的天赋、智商、能力和魅力，实际上，如果我们把成功人士的那些表现进行归纳整理，就会发现这些人身上都存在一个简单的共同点：良好的习惯。好习惯是成功的通道，你的好习惯越多，你离成功越近。

学会微笑面对每一天

　　每一个孩子都能成为非凡的人，每一个孩子的前景都应该是光明的。一个人能否成才，一个重要的因素就是在他的孩提时代是否能养成始终相信自己的习惯，正如著名宗教领袖马丁·路德金所说：**"世界上所做的每一件事都是抱着希望而做成的。"**一个人如果没有自信，甚至在儿童时代就被自卑的阴影所笼罩，那就无法再提及日后的胜利了！**所以，青少年要养成的第一种习惯就是：始终相信自己是最棒的！**

让乐观伴随自己成长

　　有一位成功者曾这样回忆自己的童年：上小学的时候，语文老师曾经"命令"我们背诵作家奥斯特洛夫斯基的一段话："人的一生应当这样度过：当他年老的时候，他不因虚度年华而懊悔，也不因碌碌无为而羞愧。这样，他就可以骄傲地说，我把一生都献给了世界上最伟大的事业——为人类的解放而斗争。"这句话对于今天和平年代生活的孩子们来说，就是不要虚度年华，不要碌碌无为。

　　人究竟怎样活着才是活着呢？人活着，就是要用一颗平常心体味生活中的一切酸甜苦辣，不逃避，不退缩，借此来探求一个普通人所能达到的精神境界，用"心"来感受我们每个人只有一次的生命。

　　一位成功者回忆自己的孩提时代说，那时他很少做梦，即使做了，睡醒之后也很少记得。年少时，他很少立志，不是不想立，而是在那样的环境中实在不知"志"为何物，又该如何立。年纪稍长，才算明白：梦是人人都可以做的，只是，有的梦绮丽些，有的梦灰暗些；有的梦离现实近些，有的梦离现实远些而已。不过等他明白过来，却又早已过了做梦的年龄。

就这样，他不声不响地活着，过着平淡的日子，谈不上消极，也说不上悲观。这种日子持续了很长一段时间，直到他邂逅蛾子。

没想到，偶然间对"蛾子"的关注和思考改变了他的人生态度。

一年的春夏之交，他寄居的小屋周围栖息着一群蛾子，它们个头很小，即便算上翅膀也绝不超过两厘米，它们的寿命很短，大概只有一个月光景。而且，老天已经安排好了，它们并不是美丽的蝴蝶，而是相貌丑陋、身体臃肿的蛾子。

可是，在当时，正是这些小小的不起眼的生灵给了他莫大的帮助：漆黑的夜里，它们从门缝或墙缝里钻进来，不露痕迹地"粉饰"着孤独的灯光；它们笨拙地飞翔，翅膀扇动空气的声音在寂静的小屋里显得很响。同时，也正是那些小小的近乎丑陋的生灵给了他极大的启示：它们确实小，它们的生命确实也很短暂，可它们很快活。黄昏时，它们总是成群结队地轻舞，它们总是密密麻麻地飞翔，它们总是尽情地享受着短暂的时光，而面对灯光火焰，它们安然自若地投身其中，凄美无比。

看着那些自由自在轻舞飞翔的并不美丽的蛾，这位成功者突然有了一种醍醐灌顶的感觉。是啊，还迟疑什么，还迷惑什么？只要珍惜生命，只要爱惜时光，只要不轻易放弃理想，只要不迷失方向，那么，即使做不成美丽的蝶，仍可以做一只自由自在轻舞飞翔的蛾。

从此，他奋发向上，通过自己的努力，终于成就了自己一生的事业。

有时候，我们不得不赞美我们的笑声。烦恼在笑声中，会变成一团云烟，悄悄溜走。

笑声是一个人乐观向上的"伙伴"。人生欢喜多少事，笑看天下几

多愁。

孩子们从小都在做游戏，游戏的本身，就是在不断战胜挫折与失败中获取的一种刺激与欢乐，假如没有挫折与失败，再好的游戏也会索然无味。人生如梦，人生如一场场游戏，让孩子们从小投入游戏中，体味玩游戏时的内心感受，带着挑战的心情去面对游戏中的困难与挫折，对他们长大成人面对挫折是一种锻炼。以后当他们再面对社会中、生活上强大的对手，不断地损伤受挫，就能一次次站起来，就能健康成长。

一个人长大后，面对生活，如果用一种积极向上的游戏心态对待生活，那么失败与挫折，也就不会显得沉重和压抑了。所以，挫折也是一种游戏，既然是游戏，就让痛苦沮丧的心态超然快活起来吧。人们在游戏中身心放松，但在生活中过于紧张。让孩子们从小多体验挫折，那么在将来生活中就会将挫折视为游戏，会从中体味积极人生的快乐……

在一个春光明媚、阳光普照的日子里，在一座公园里，许多小孩子正在快乐地游戏，一个小女孩不知绊到了什么东西，突然摔倒了，并开始哭泣。这时，旁边有一位小孩子立即跑过去，别人都以为这个小孩子会伸手把摔倒的小女孩拉起来或安慰鼓励她站起来。但出乎意料的是，这个小孩子竟在哭泣着的小女孩身边故意也摔了一跤，同时一边看着小女孩一边笑个不停。泪流满面的小女孩看到这幅情景，觉得也十分可笑，于是破涕为笑，俩人滚在一起乐得非常开心。

心灵悄悄话

养成良好的道德习惯，儿童才能和别人友好相处，积极追求美好的事物，自觉遵守社会行为规范，具有高度责任感，将来才能成为社会上成熟可敬的人。它包括各种行为规则，尊敬关爱长辈，不随地大小便，不损坏花草、树木，爱护公共财物，遵守交通规则，能换位思考，团结友爱。

自律自制让自己更强

自我约束，就是人们自觉地克制自己不符合社会道德要求的种种欲望，努力使自己的行为获得社会道德的认可。自我约束是人类与动物的根本区别之所在，事实上，不能进行自我控制，人就不会成为真正的人。

所以，孩子必须要养成自律自制的习惯。纪律是成功的保证，有规矩才能成方圆，纪律是为适应家庭、集体以及社会需求而制定的，它规范着人们的行为，使人们知道哪些事情能做，哪些事情不能做。制定纪律的目的，不是剥夺孩子的自由，而是为了在自我克制方面向孩子提供正确的途径。

诚然，每个孩子在成长过程中都需要有自由，以便能用自己的方法学会各种事物，但他们不懂得克制自己的不正确行为。所以，如果不给他们制定规定，他们就会缺乏这方面的知识，今后在与他人相处时会出现问题。为了孩子自身的安全，规定一定的守则是必要的，如不能玩火柴，不能触摸电插头，不能玩刀剪，不能从高处往下跳，别人的东西不能拿，不能打人、骂人，现在该洗澡了，现在该吃饭了，吃饭时不能玩等，这都是孩子的纪律。

另外，我们还可以让孩子从另外一个角度来了解遵守纪律的重要性。我们知道，每一项体育运动都有规则，譬如打篮球，不能带球走，不能故意冲撞，不能这样，不能那样，有许多的不能，这就是规则，就是纪律。同样在教室里有教室里的纪律，在宿舍里有宿舍里的纪律，在家有家里的规矩，在公众场合有公众场合的规矩。例如，宿舍里大家都

在休息，一名同学却在大声说话，这绝对不允许；如果就寝时间在宿舍里还有同学读书，这也不允许，因为宿舍是休息场所，想读书请到教室里去。纪律把大家的步调统一起来，把个人的自由和大家的自由统一起来，使个人在享受自由权利的时候，尊重别人的自由权利，遵守必需的纪律。

要培养遵守纪律的良好习惯必须从自我做起，从小事做起，"勿以善小而不为，勿以恶小而为之"。"千里之堤，溃于蚁穴"，古人之语，从另一个侧面说明了这点。做好微不足道的小事，是养成遵守纪律习惯的起点，只有平时严格要求自己，才能养成遵纪守法的习惯。

那么，作为家长，如何培养孩子遵守纪律的好习惯呢？

首先，要让孩子了解遵守纪律的好处：告诉孩子，纪律可以在利于学习的同时帮你养成良好的行为习惯。李嘉诚说："思想成就行为，行为成就习惯，习惯成就性格，性格成就命运。"所以遵守纪律、养成良好的行为习惯对人终生有益。

其次，要培养毅力，控制自己的言行，做该做的事。多给孩子念些中外警句，有些警句可以帮孩子培养毅力，如："成功者与失败者只有一个重要的差别，那就是毅力。""坚韧是解决困难的钥匙，毅力是胜利成功的要诀。""成功需要很强的自律能力、顽强的毅力。""追求理想要奋战不懈，坚持到底要有恒则成。""要成就大事业，必须从小事做起。""你的今天是你昨天决定的，你的明天是你今天决定的。"等等。

纪律具体在行为上，在学校，上课铃声一响，喧闹马上变为宁静，师生们各就各位，有的班上课，有的班做实验，有的班进行体育锻炼，按规定作息。上课，课堂活跃而精力集中；实验，人人动手而又井井有条；锻炼，整齐划一听从指挥。这些现象告诉我们有一种力量，能使生活变得有条不紊，这种力量就是——纪律。

纪律是一种行为准则，它存在于社会生活的各种方面，规范着人们在社会生活中的各种行为，它规定人们应该做什么，不应该做什么。在社会生活中，纪律一旦确立，不管人们愿意或不愿意，都必须遵照执行。

有些同学认为，讲纪律就没自由了，讲自由就不能受纪律的约束，这种看法是错误的。在人类社会中，人们的自由都是受一定约束的自由。否则，你的自由就会妨碍他人的自由。例如：有些同学为了爱面子，怕受罚而遵守纪律，有些同学则是为了得到表扬而遵守纪律，这都是对遵守纪律的错误理解。在这种思想指导下，遵守纪律是不会持久的。

遵守纪律要做到真正遵守，并且要持之以恒，要时时处处严格要求自己，不要忽略身边小事，而且要不断修正自己的不良习惯。

孩子从小到大，从幼儿园、小学、中学直到大学，经常活动在各种公共场合，因此一言一行，对社会公共生活有很大的影响。孩子们能否自觉遵守纪律对良好的社会风气的形成，将有很大的影响。所以说，从小养成自觉遵守纪律的良好习惯很重要。

另外，对于父母来说，如何培养孩子遵守纪律的习惯也是相当重要的。

现在的孩子在家里多是独生子女，想要什么就有什么，想做什么就做什么，但将来他们总要进入学校，步入社会，不管在哪里都会有纪律的约束。

培养孩子遵守纪律，并不是要等到孩子上学了，纪律的养成要从孩子幼时开始，要从小慢慢将纪律渗透于孩子思想中，要反复告诉他们，要不断做给他们，直到他们将"纪律"深植于脑海之中。

据科学证明，两岁半的孩子已经很喜欢与周围小朋友玩耍，初步具有了判断是非的能力，懂得对与不对了，因此，这时是培养他们遵守纪律的好时机。首先要让他们学习遵守一些日常生活中的规矩和一些游戏规则。比如节日里一家人聚会吃饭，饭菜已经上桌，要等人齐了开饭，孩子很可能不愿意等，想自己先吃某些喜欢的食物，这时候就要告诉他应该等一等的道理，并且可以让他帮忙请长辈们入座，他一定会很乐意

去做。再如，在游乐园中玩滑梯、坐碰碰车、坐飞机等都要排队等候，有些还要站很长的队买票，这时就要教导孩子不能自己想玩就挤到前面去，要排队等候，排到时再玩才会更能感受到玩的快乐，慢慢地孩子懂得凡事都需要遵循规矩，以后在集体和社会中遵守纪律就会变成自觉自愿，比如在幼儿园要做到遵守幼儿园的作息制度，在学校要遵守学校纪律，玩游戏要遵守玩游戏的规则，做人要有做人准则。

纪律的约束可以培养孩子良好的习惯，也是对孩子性格培养不可缺少的一步。

学会自己控制自己

鲁迅先生说："倘要完美的人，天下配活的人也就有限。" 正因为我们每个人都不可能是完人，难免存在这样或那样的缺点与毛病，甚至冷不防就会出纰漏、犯错误，所以我们常常需要征服自己。

征服自己就是直面自己、解剖自己，就是挑战自己、磨练自己。征服自己就是向各种负面情绪和消极思想抗争，就是向自身潜在的假丑恶开火。征服自己就如主动拂去琴弦上的尘灰，就如毅然割去肌体上的恶瘤。事实上，我们时常面临着征服自己的课题：在面对困境、一筹莫展时，我们能否征服自己的脆弱？在春风得意踌躇满志时，我们能否征服自己的狂傲？在怀才不遇失意孤独时，我们能否征服自己的消沉？在手握权柄前呼后拥时，我们能否征服潜在的浅薄？在面对闹市喧嚣时，我们能否征服自己的浮躁？在生活安逸时，我们能否征服自己的懒惰？在种种诱惑面前，我们能否征服自己的贪婪？在面对各种矛盾、纠葛容易感情用事时，我们能否征服自己的冲动……

征服自己是一种自省——自我反省、自我省察，是人生的清凉油。征服自己也是一种自答——自我警惕、自我提醒，是生活的长鸣钟。征

服自己更是一种自纠——自我批评、自我纠正，是生命的解剖刀。

能否征服自己，往往因人而异。自知者有自知之明，他们勇于征服自己；自尊者视尊严高于一切，他们敢于征服自己；自爱者懂得自珍自爱，他们勤于征服自己；自信者坚信一切缺点都能克服，他们乐于征服自己；自强者深知战胜自己比战胜对手更重要，他们忙于征服自己。而自负者妄自尊大、目空一切，他们看不到自身的毛病，因此他们觉得不需要征服自己；自卑者妄自菲薄，缺乏完善自我的信心，因此他们不敢征服自己；自欺者自我麻醉，对自己的缺点视而不见，他们不会征服自己。

征服自己不容易。这是因为没有他人的参与，没有人要求，没有人监督，没有人点拨，甚至没有人喝彩，一切斗争和过程都展开在内心和灵魂深处。因而，征服自己需要高度的自觉，需要极大的勇气，需要坚韧不拔的毅力，需要持之以恒的意志。征服自己的过程就是珍珠在砂石的磨砺中痛苦孕育的过程，缺乏这样一种精神，恐怕就难以征服自己。

懂得征服自己，是一种清醒，善于征服自己，是一种智慧。征服自己，改造主观世界，促进了自我修炼和完善，促进了自我提高和升华，使人真正走向成熟，赢得一种内在的力量，从而推动人生走向成功，趋于圆满。而一个从不主动去征服自己，一味"跟着感觉走"的人，便很难去征服世界，很难夺取人生的辉煌。

看看那些成功者，我们不难发现，他们既是征服世界的好手，更是征服自己的典范。

中国西部歌王王洛宾，一生坎坷，屡遭磨难，如果不是他勇于征服自己——征服困顿时的脆弱，征服逆境时的绝望，他又如何能坚持一辈子始终对音乐痴情不改？

香港"金利来"老板曾宪梓，艰难创业，几经挫折，如果不是他敢于征服自己——征服受挫时的悲观，征服顺利时的懈怠，他又如何能使"金利来"品牌经久不衰？

苏格拉底说："未经审查的人生没有价值。"我们要让自己的人生更有价值，就应当须臾不忘一件事：征服自己。

主动控制情绪

在美国，有本书一出版就取得了空前的轰动，这本书就是风靡西方世界的商业圣经，奥格·曼狄诺写的《世界上最伟大的推销员》一书。书中虚拟了一个巧妙的故事，少年海菲获得了十卷神秘的《羊皮卷》，他根据羊皮卷的原则行事为人，最终成为世界上最伟大的推销员、最伟大的商人，建立了庞大的海菲商业帝国。

十卷《羊皮卷》，其实就是十条做人行事的准则。这十条准则是：

第一，"今天，我开始新生活。"

第二，爱心。"我要用全身心的爱来迎接今天。""最主要的，我要爱自己。"

第三，恒心。"坚持不懈，直到成功。"

第四，信心。"我是世界上最伟大的奇迹。""我能做的比已经完成的更好。"

第五，重视今天。"忘记昨天，也不要痴想明天。""假如今天是我生命中的最后一天。"

第六，控制情绪。"今天我要学会控制情绪。""有了这项新本领，我也更能体察别人的情绪变化。"

第七，快乐。"我要笑遍世界。"

第八，自重。"我要加倍重视自己的价值。"

第九，行动。"我现在就付诸行动。"

第十，信仰。"万能的主啊，帮助我吧。"

这十条准则，其实就是打开成功之路的十把金钥匙。在这十把金钥匙里面，有两把金钥匙同情绪有关：第六条"控制情绪"和第七条"快乐"。可见，控制情绪在人生的成功之路上是多么的重要。

下面，我们看一看神秘的《羊皮卷》里面是怎样来告诉人们控制情绪的。下面引用的这段话，如果你每天反复读它，使里面阐述的观点成为你思想观念的一部分，那么，将对你的一生大有好处。

"潮起潮落，冬去春来，夏末秋至，日出日落，月圆月缺，雁来雁往，花开花谢，草长瓜熟，自然界万物都在循环往复的变化中，我也不例外，情绪时好时坏。"但"今天我要学会控制情绪。"

《世界上最伟大的推销员》一书中建议每一位读者不妨花上一个月的时间来读上面的内容，其实，只要你真正能够按照上面的原则来思考和行事，那么你就一定能在通向成功的路上取得意外的收获。读上一个月，每天都做记录，并写下心得体会；甚至加上每天的自省和反思，上面的原则就可以成为你生命中的一部分，每一句话都可以烙在你的心灵里，并通过你的行为表现出来。你每天都该这么对自己说："今天我要学会控制情绪。"

情商教育告诉我们：世界上没有一所学校可以教给你如何比平常人更好，除非你具有正确的情绪，从某种意义上说，情绪是我们成功的重要基石，有时情绪比我们的适应性或才能更为重要。

你希望有更多的乐趣、更多的贡献、更多的享受、更多的财富、跟邻居相处得更好、身体更健康、家庭更幸福吗？只要有正确的情绪，这些事情都能做到。

纵然有压倒性的事实可以说明正确的情绪之重要，但实际上，从幼儿园到研究所到整个教育体系，人们几乎都疏忽了或未察觉到情绪教育这个重要的因素。整体教育中90%的教育是在于获得事实与数字，仅有10%集中在"感觉"与情绪上，而这10%还有点估计过高，因为这

大部分集中在运动及相关的活动上（乐队、啦啦队等）。

　　哈佛大学的一项研究显示，人能够获得成功、成就、升迁等原因的85%因为其具有正确情绪，而仅有15%是由于他客观存在的专门技术。简单地说，一个不成功的人常常花费90%的教育时间与金钱，来学习15%的成功机会；而成功之人则仅花15%的时间与金钱来学习85%的成功机会。

　　美国心理学之父威廉·詹姆斯说，这一划时代的重大发现，使我们可以从控制情绪来改变生活。

　　情绪包括许多方面，其中之一和乐观有关。悲观者说："当我看它时我相信它。"乐观者说："当我相信它时我看见它。"乐观者看到半杯水说它是半满，悲观者看到同样的半杯水说它是半空。理由很简单，乐观者把水加进玻璃杯，悲观者从玻璃杯中取出水。那些仅取之于社会而不贡献于社会的人是悲观宿命论者，那些奉献社会并努力服务社会的人是乐观者。社会正是有了这样一批乐观者，才发展到今天科技进步，社会富裕。努力而确实有贡献的人是乐观与自信的，因为他们是在解决问题。在生活中成功与失败通常仅仅是一念之差，而这一念往往是因为情绪变化引起的。

心灵悄悄话

　　良好的学习习惯对儿童的学习兴趣与学习成绩有很大的影响，与儿童的成材直接相关。它包括自主学习、合作学习、探究性学习。学习好的孩子学习习惯都比较好，而学习不好的孩子多数并不是因为脑子笨，而是没有良好的学习习惯。

恐惧会让你无所适从

将自卑从自己心里赶走

炎炎的夏日中午，三年级的强强坐在座位上温习功课，忽听前面的两位同学正在争论着什么。

"我喝的饮料是今年最流行的。"

"我喝的也是。"

"强强你喝的是什么呀？"

一位同学回头问强强。

"我……"

强强把手伸进抽屉，真的很想从抽屉中拿出一瓶名牌饮料，但是抽屉里只有一瓶无味的白开水。

"我，我只带了一瓶白开水。"强强的声音小得几乎连自己都听不到了。

"什么？你就带白开水呀！"

"你妈真小气，连饮料都不给你买。"几个围观的同学议论纷纷。

强强低着头，不敢面对周围同学的目光。他似乎看见那些目光充满了讥讽。周围同学们的声音也变得大了起来，强强感到自己的脸烫得几乎要把头发烧着。

晚上，强强一进家门便扑到床上哭了起来。妈妈急忙过来，关切地问："怎么了？出什么事了？"强强把事情的来龙去脉告诉了妈妈。妈妈想了一会儿说："那妈妈以后也每月给你批一箱饮料好了。不过小孩喝多了饮料对身体并不好。"

强强心头涌起一阵喜悦，再看妈妈，忽然发现妈妈眼角的鱼尾纹，两鬓的白发和那张从没有化过妆的脸。强强那被虚荣心冲昏了的脑子慢慢地冷静了下来，他不好意思地对妈妈说："不，我不要饮料了。爸爸下岗了，咱们全家三口人的生活就靠您一个人的工资来维持，我怎么能再乱花钱呢？妈，我就喝白开水！"

妈妈高兴地望着懂事的强强，渐渐地她的眼睛湿润了。她搂住强强，掉下了眼泪。妈妈是一个很坚强也很乐观的人，强强还是第一次见到她落泪，他走到暖壶前灌上了第二天要带的白开水，眼含泪水的妈妈露出了欣慰的笑容。

第二天，强强又拿着一瓶白开水走进了教室，他不再感到自卑了，反而感到一种从未有过的骄傲和自信。

"自卑"通常被认为是个贬义词。《现代汉语词典》对自卑的解释是"轻视自己，认为无法赶上别人"。

人的自卑心理来源于心理上的一种消极的自我暗示，即"我不行"。正如哲学家斯宾诺莎所说：**"人由于痛苦而将自己看得太低就是自卑。"**这也就是我们平常说的自己看不起自己。

长期被自卑情绪笼罩的人，一方面感到自己处处不如人，另一方面又害怕别人瞧不起自己，逐渐形成了敏感多疑、多愁善感、胆小孤僻等不良的个性特征。自卑使人不敢主动与人交往，不敢在公共场合发言，在工作和学习中小心谨慎。因为自认是弱者，所以无意争取成功，只是被动服从并尽力逃避责任。自卑不仅会使心理活动失去平衡，而且会引起人的生理变化，最敏感的是对心血管系统和消化系统产生不良影响。生理上的变化反过来会影响心理变化，加重人的自卑心理。

自卑的人有着种种迹象：

1. 情绪低落。如果常常无缘无故地郁郁寡欢，那很可能就是自卑心理使然。

2. 过度怕羞。如果过度怕羞（包括从来不敢面对朋友唱歌，从来不愿抛头露面，从来不敢接触生人等），则可能内心深处隐含有强烈的自卑情绪。

3. 独来独往。一般来说，孩子都喜欢合群玩，并十分看重友谊，但具有自卑心理的孩子对交朋结友兴趣索然，往往喜欢独来独往。

4. 难以集中注意力。自卑感强的人在学习或做游戏时往往难以集中注意力，或只能短时间地集中注意力。这是因为自卑心理在作祟。

5. 疑神疑鬼。自卑的孩子对家长、教师、小伙伴对自己的评论往往十分敏感，特别是批评，更是感到难以接受，甚至耿耿于怀。长此下去，还可能发展到"疑神疑鬼"的地步，甚至会无中生有地怀疑他人不喜欢或者责怪自己、讨厌自己，且表现出愤愤不平。

6. 过分追求表扬。自卑的人尽管自感"低人一等"，但往往又会比正常孩子更追求家长和教师的表扬，甚至可能采用不诚实、不适当的方式，如刻意说谎、弄虚作假、考试作弊等达到表扬目的。

7. 贬低、嫉妒他人。自卑的人的另一变态反应是：常常贬低、嫉妒他人，如可能为邻桌同学受到老师表扬而咬牙切齿甚至夜不能寐，或同学有了成就风言风语；或面对比自己强的同学暗地使坏等。心理学家认为，这是自卑的人为减轻自己因自卑而产生心理压力设计的宣泄情绪的渠道，尽管这往往并不奏效，也容易被人发现。

8. 有自虐倾向。占很大比例的自卑者往往会表现为自暴自弃、不求上进。认为反正自己不行，努力也是白搭。更有甚者，还可能表现出自虐行为，如故意在大街上乱窜、深夜独自外出、生病拒绝求医服药等，似乎刻意让自己处在险境或困境之中。要是遭到家长指责，便以"反正我低人一等""不如人"作辩解。

9. 缺乏自信。虽然有的自卑者十分渴望在诸如考试、体育比赛或

文娱竞赛这些场合出人头地，但又无一例外地对自己的能力缺乏必要的自信心，因而断定自己绝不可能获胜。由此，绝大多数自卑者都是尽量回避参与任何竞赛，有的虽然在他人的鼓励下勉强报名参赛，但往往在正式参赛时又会临阵脱逃，甘当"逃兵"。

10. 表述困难。据专家所作的统计，高达8成以上的自卑者的语言表达能力较差。他们或表现为口吃，或表述不连贯，或表达时缺乏情感，或词汇贫乏等。专家们认为，这是因为强烈的自卑感阻碍了大脑中负责语言学习系统的正常工作之故。

11. 承受能力差。自卑者大多不能像正常人那样承受挫折、疾病等消极因素带来的压力，每每遇到小小失败或小小疾病，便"痛不欲生"，甚至消极厌世，有时甚至对诸如搬迁、亲人过世、父母患病等意外之事都感到难以适从。

以上种种，只是概括了自卑的人一些表现。自卑是人一种心理疾病，所以孩子从小就应该拒绝自卑，因为自轻自卑会把自己拖垮。一个孩子若被自卑所控制，其心灵将会受到严重的束缚，本应该拥有的创造力也会因此而枯萎。

有这样一则寓言：

上帝想把一种叫作"自卑"的东西藏在人身上，于是他和天使们商量："你们给我出个主意，我该把它放在人的哪个部位最为隐秘？"

有的天使回答说，放在人的眼睛里；有的说，放在人的牙缝里；有的说放在人的腋窝上。

但一个聪明的天使笑着说："你们说的这些地方，人们都很容易找到。找到后他们马上会把自卑还给上帝。上帝您最好把它放在人们的心里，那里是人们不容易发现的地方。"

有自卑感的人总是习惯于拿自己的短处和别人的长处相比，结果越比越觉得不如别人，越比越容易形成自卑心理。内心的自卑，对一个人的成长与发展是最要命的，因而，如果你发现自己自卑，就要用理性的态度把它铲除掉，而家长、老师发现孩子有自卑心理，也要引起重视，要引导孩子往健康心理发展。

有自卑心理的人应完善自我，快速成长，战胜自卑。自卑源自对自我评价过低，源自没能正确地定位自己的人生坐标。战胜自卑，首先要正确地认识自己和评价自己。"尺有所短，寸有所长"，每个人都是既有优点又有缺点的。**自卑者要学会正确看待自己的优缺点，努力发现自己的可爱之处，强化自己的长处，弥补自己的短处。**

克服自卑，还要学会科学的比较，掌握正确的比较方法，确定合理的比较对象。如果以己之不足和他人之长相对照，肯定只能消沉，最终落进自卑的泥潭，失去前进的动力。当然，也不能从一个极端走向另一个极端，老是用自己的长处去比别人的短处，那样，又会觉得自己比别人高出一筹，容易产生洋洋自得、唯我独尊和不可一世的心理。

此外，战胜自卑，还应着力去弥补自己的不足之处，使自己得到更大的发展。大凡在事业上做出突出成绩的人，在这方面都是做得很好的人。

日本前首相田中角荣天资聪颖，但中学时患有口吃的毛病，这给他带来巨大的苦恼，他因此变得自卑、羞怯和孤僻。有一次上课，他的同桌捣乱，教师误以为是田中干的，当田中站起来辩解时，竟面红耳赤说不清楚，老师更加认定是他做错了又不承认，别的同学也嘲笑他。这件事对田中刺激很大，他回家后，分析自己口吃的原因主要还是源于个人的自卑。从此，他时时鼓励自己在公共场合发言，主动要求参加话剧演出，并经常练习，终于克服了口吃的毛病，为他走上职业政治家的道路奠定了基础。

正确全面认识自己的优点和缺点，充分肯定自己，相信自己的能力，挖掘自己的潜力，提高自己，就能消除自卑心理，找回自信，赢得完美人生。

不给消极情绪滋生的环境

飞飞8岁了，正上小学一年级。在班里他算是较大的孩子，他整天总是很忧郁的样子，性格内向，很少跟同学一起玩。

每天下了课，别的同学大呼小叫地从教室涌向操场，飞飞总是一个人静静地坐在座位上。调皮的同学在他不注意时揪一下他的耳朵，他也从不反抗和还手；别人错怪了他，他也不申辩。

在老师眼里，飞飞是个老实孩子，对他的印象很好，只是他上课从不主动举手回答问题，点名叫他时，他也总是憋红了脸半天不说话，显得非常拘谨。为此老师向飞飞父母反映了几次，飞飞父母每次都笑着说：这孩子，从小就老实……

可是老师越来越发现飞飞老实得有些"过分"，比如班里几个同学欺负他，他不吭声只会哭，班里的同学嘲笑他，有的同学更是瞧不起他而远离他，飞飞在班里显得人单影只。还有飞飞班里、学校什么活动都不参加，显得对什么都不感兴趣，一点儿朝气都没有，时时眨着一双没有灵性的眼睛，看上去像个暮气沉沉的老头儿。

老师郑重地提醒飞飞的父母关注一下飞飞的内心世界，因为这孩子似乎心事重重的，显示出这个年龄不该有的忧郁情绪。

老师的话终于引起了飞飞父母的注意，他们开始细心观察孩子的一言一行。从孩子出生到现在，这还是他们第一次如此关注飞飞的日常言行，也第一次感到飞飞的确有些过于"老实"，老实得有些懦弱，有些缺乏朝气。更重要的是他们发现飞飞沉默寡言背后似乎总在担心什么，总有些不安。经过专家分析，他们这才意识到自己一向把飞飞听话看作是优点来加以夸赞的做法有些不妥，意识到8年来对孩子的成长培养有些不得法了。他们着急了，却又一时不知该怎么办。

在现实生活中，父母大多喜欢老实、听话的孩子，对那些调皮捣蛋、爱惹是生非的孩子都感到头疼。但是孩子老实、听话有时并非好事，往往隐藏着个性、心理等方面不尽如人意之处，却又往往被父母忽视。

事实上，不爱说话、不惹是生非并不能与"老实"相提并论，不善社交、不愿凑热闹并不能说明性格内向。真正的老实是虽不惹事、不爱说话，但也不懦弱、胆小，不头脑发木、不盲目顺从、不缺乏生气和主见。真正的性格内向是不封闭自己。虽然性格不活跃，不主动与人交往，但由于温和、本分，周围同学并不疏远他、孤立他，甚至愿意与他交往，因而他并不孤僻，甚至因内向的性格而使自己的人缘很好；有些孩子虽然不喜欢参加集体活动，很少出头露面，但并不闭门不出，缺乏兴趣爱好，而是有自己的爱好，忙于自己喜欢的事情，整个人有生气，情绪状态好，没有孤寂、消沉的情绪。

所以父母们千万不要把孩子不愿说话、不惹是生非简单地归结为老实、性格内向，甚至产生为有这样的孩子省心的想法。当孩子看上去老实憨厚时，家长不可大意，而要细心了解孩子的内心世界，以确认孩子心理健康、性格状态良好。若发现孩子"老实"背后有问题，则要及时纠正，以免引发更严重的心理危机，影响孩子今后的学习、工作和生活，给他一生带来不利影响。

"老实"背后往往是一种抑郁情绪。抑郁是一种消极的心理状态，通常的表现是沮丧、悲观、忧郁。有人曾对此做过调查，结果发现大约4.7%的青少年有不同程度的抑郁，其显著的特点是情绪低落、郁郁寡欢、闷闷不乐、无精打采，对原本喜欢的事物会失去兴趣，不愿和人交往，甚至故意回避人；干什么都提不起精神，对自己没有信心；经常为一点细小的过失或缺点后悔不已。从外表上看，这些人疲乏倦怠、表情冷漠，整个生活弥漫着灰暗的气氛。

已高三毕业的张奕男现在患有严重的抑郁症，整天都感到心烦意乱，无精打采，注意力分散，精力不集中，干什么事情都缺乏兴趣。

那还是在他刚记事的时候，妈妈在一场意外的车祸中不幸身亡，从那时候起张奕男就开始和爷爷奶奶在一起生活。每当张奕男看到别的孩子和爸爸妈妈在一起欢欢乐乐的样子，他不知道有多么羡慕。然而他逐渐地意识到这一切对他来说，永远是不可能拥有了。于是他开始有意地隐蔽自己，到了初中，凡是认识他的人都会说张奕男是个性格内向、文静、不爱交际的孩子。的确，中学时代的张奕男已经变得孤僻、倔强。

高三时，张奕男满怀希望地准备着高考，可是由于考前复习时用脑过度，并伴有头痛、失眠、恶心、食欲不振的感觉，在参加高考时又因心情紧张而心慌，脸色苍白，记忆力下降，以致考得不好。落榜后他感到失落、烦闷。看着那么多的同学都步入了理想的大学，他深深地感到自卑、失望，心情极不舒畅。久而久之，他开始有了失眠、健忘、思维能力下降、多梦、腰酸、脖子疼等症状，经诊治，患上抑郁症。

不难看出，张奕男从少年时就有抑郁的倾向，抑郁影响了他的学习和生活。那么判断抑郁的标准是什么呢？通常有三方面，首先是个体的情绪低沉，自我评价过低；其次同其他人的接触减少、不愿上学、成绩下降；再次有睡眠障碍、躯体不适、精力不足等症状。

对于孩子而言，当抑郁出现时，通常表现为身体不舒服，常见为胃肠道症状，如呕吐、腹部不适、厌食等。还有一些孩子表现为惊恐、绝望、伤心流泪、不进食、失眠、夜惊多噩梦等。一般情况下，抑郁的孩子情感脆弱、动作迟缓，回答别人问话总是含糊其词，眼神不集中，显得拘谨不安。

抑郁的形成受很多因素的影响，如性格内向、不爱交际、孤僻、多疑、执拗、依赖等，表现为常关注事物消极面，心中不安，不自信。另外抑郁情绪的出现，一般都有心理或精神的促发因素，如父母离异、父母对子女漠不关心，孩子的人际关系不协调、学习成绩不良等负面生活事件等，均可能诱发抑郁情绪。当然家族遗传性因素对孩子抑郁也起着一定的作用，据统计有 50% 抑郁孩子的父母中至少有一方有抑郁的倾向。虽然说孩子性格内向有先天原因，但是后天的环境更为重要，如果孩子生活在一个充满理解和关心的环境里，孩子就不会出现抑郁现象，即使情绪有波动，也会逐渐向好的方面发展。所以，家庭环境好对孩子的良性发展有着极为重要的作用。

心灵悄悄话

　　帮助学习暂时落后的孩子迅速赶上去的最佳途径是预习。通过预习，不但可以缩短孩子在学习上的差距，使他在课堂上显得更自信，更有勇气，而且可以让孩子自己摸索出一条学习的路径，积累一些自学的方法。

生活中不要充满抱怨的毒药

不抱怨生活更如意

一个经常失败而又不知道从哪里爬起来的人，在寻找失败的借口和原因时，往往习惯于责备社会、制度、人生，抱怨运气不好。对于别人的成功与幸福，总是愤愤不平。因为他认为，这些都足以说明生活使他受到不公平的待遇。

愤愤不平是企图用所谓不公正、不公平的现象来为自己的失败辩护，使自己感到好过一些。可实际上，作为对失败者的安慰，怨恨是非常不可取的办法，比生病还糟。怨恨是精神的烈性毒药，它使快乐不能产生，并且使成功的力量逐渐消耗殆尽，最后形成恶性循环，自己并没有多大本领而又非常怨恨别人的人，几乎不可能和同事相处得好。对于由此而来的同事对他的不够尊重或者领导对他工作不当的指责，都会使他加倍地感到愤愤不平。

怨恨是使自己觉得自己重要的一种习惯。很多人以"别人对不起我"的感觉来达到异常的满足。从道德上来说，不公正的受害者和那些受到不公正待遇的人，似乎比那些造成不公正的人要高明。

心怀怨恨的人，是想在道德的法庭上证明他的案子，如果他有怨恨之感就证明生活对他不公平，而有一些神奇的力量将会澄清那些使他产生怨恨的事情，使他得到补偿。从这个意义上来说，怨恨是对已发生之事的一种心理反抗或排斥。

怨恨的结果是塑造劣等的自我意象。就算怨恨是真正的不公正与错误，它也不是解决问题的好方法，因为它很快就会转变成一种习惯情绪。一个人习惯于觉得自己是不公平的受害者时，就会定位于受害者的角色上，并可能随时寻找外在的借口，即使对最无心的话在最不确定的情况中，他也能很轻易地看到不公平的证据。

习惯性的怨恨一定会带来自怜，而自怜又是最坏的情绪习惯。这个习惯已根深蒂固，如果离开了这个习惯，就会觉得不对劲、不自然，而必须开始去寻找新的不公正的证据。有人说这类人只有在苦恼中才会感到适应，这种怨恨和自怜的情绪习惯，会把自己想象成一个不快乐的可怜虫或者牺牲者。

产生怨恨的真正原因是自己的情绪反应。因此，只有自己才有力量克服它，如果你能理解并且深信：怨恨与自怜不是使人成功与幸福的方法，你便可以控制住这种习惯。

一个人有怨恨之心，他就不可能把自己想象成自立、自强的人，他就不可能成为自己灵魂的船长、命运的主人。怨恨的人把自己的命运交给别人，把自己的感受和行动交给别人支配，他像乞丐一样依赖别人。若是有人给他快乐他也会觉得怨恨，因为对方不是照他希望的方式给的；若是有人永远感激他，而且这种感激是出于欣赏他或承认他的价值，他还会觉得怨恨，因为别人欠他的这些感激的债并没有完全偿还；若是生活不如意，他更会觉得怨恨，因为他觉得生活欠他的太多。

用心去体会时间的美好

很多时候，我们不仅要用眼睛看世界，更要用心去看。

古希腊有一句谚语："仅仅用眼睛是无法看到那些看不到的东西的。只有盲人才知道用心去看世界。"来自斯洛文尼亚的盲人摄影师叶夫根·巴夫恰尔很好地阐释了这句话。他一边用左手抚摸宫殿的墙壁，一边用右手的相机记录下眼前的一切。黑暗笼罩了庭院，周围无比寂静，闪光灯瞬间照亮了一切，声音传感发出光度过强的警告音。于是，他凭借直觉重新拍摄了一遍又一遍。在按动快门的时候，他尽力屏住呼吸。

这幅摄影作品后来被选中在西班牙首届当代艺术双年展中展出，作品的艺术效果让人震撼。

上帝对人其实是很公平的，当他夺去了一个人的双目，为了弥补他的损失，盲人的触觉、听觉往往要比平常人更加敏锐。

一个 15 岁时因病失明的盲人，可以在散步过程中准确地指出别人的鞋带松了。他指了指自己的眼睛又指了指自己的心脏，说："我这里虽然看不见，我这里可亮堂着呢！我凭借敏锐的听觉，听出你的足音和先前略有不同，显得比较拖沓，因此判断你的鞋带松了。"

盲人青年后来去学推拿，技术精湛的他成了小城里最有名的推拿师，最难得的是，这些年，他用自己辛苦挣来的钱资助了不少家境贫困的盲童和残疾学生。

"有时候，我会傻想，要是我的眼睛还好好的，我的生活会怎么样呢？说不定我也会和我的许多同学一样，在机关里一杯茶一张报纸混混日子，晚上打打麻将洗洗桑拿，一辈子就这么浑浑噩噩地过去了！我还会像现在这样心无旁骛地去奋斗吗？"他感慨地说。

盲人青年的话，是他对人生的感悟，对我们的人生何尝没有借鉴意义呢？这个世界如此缤纷多彩，让人眼花缭乱，有多少次，当我们计划要去完成一件事情时，却常常被许多不经意的"插曲"所打搅，总想着，明天做也不迟，于是一拖再拖。有多少人，眼睛是明亮的，心灵却陷入了黑乎乎的沼泽，无所事事地消磨自己的人生？

其实，人用来看世界的不只有眼睛，还有心灵。正因如此，我们才会在看见物质的同时，看到精神。用心看世界更显得难能可贵。我们不可以改变生命的长度，却可以拓展它的宽度；我们不可以预知明天，却可以把握今天；我们不能苛求事事顺利，但能够事事尽心。而这一切，都需要我们用心看世界，用心去读懂人生这部大书。

不仅要用心看，更要用心做。心灵可以描摹历史勾勒未来，但人生更需要我们用双手去实践。正如，面对困难，我们当如海燕，迎难而上，克服它；面对痛苦，我们当如河蚌，忍受着，去孕育快乐；面对残缺，我们当如鲨，利用它走向成功；面对挫折，我们当如蜘蛛，永不言弃……

在战火纷飞的年代，顾城说："黑夜给了我黑色的眼睛，我却用它寻找光明。"而今，我想说："心灵给了我智慧的眼睛，我要用它走向辉煌！"

心灵悄悄话

人的天性大致是差不多的，但是在习惯方面却各有不同。习惯是慢慢养成的，在幼小的时候最容易养成，一旦养成之后，要想改变过来却不很容易。

努力让生活美好起来

学会积极自我暗示

自人类产生以来，不知有多少思想家和教育家都一再强调信心与意志的重要性。他们都明确指出，信心与意志是一种心理状态，是一种可以用心理暗示诱导和修炼出来的积极的心理状态。

反复地自我暗示，同一思想的不断敲击就会使它铭刻在潜意识中。反复的、经常的积极自我暗示对建立一个人的自信非常有效。

在你过去的行为当中，你的行动受俗念、情感、偏见、贪婪、恐惧、环境、习惯所支配，而这些"暴君"里，最坏的就是习惯。因此，如果决定要全心全意服从习惯的话，一定要全心全意服从良好的习惯。必须将坏习惯全部摧毁，准备在新的田畦，播下新的种子。

戴尔·卡耐基认为，最好是大声告诉自己，我要养成良好的习惯，全心全意去实行。

那么，如何去完成这种艰难的伟大事业呢？就是革除生活上的坏习惯，换一个带你走向成功之路的好习惯。因为，只有一种习惯才能抑制另一种习惯。

成功学家曼狄诺曾道出了一项培养好习惯的心理暗示，他让大家每天要对自己说：

"今天是我新生命的开始。我要脱去我的老皮，因为它早就受尽了失败的创伤。

"今天我又一次再生，葡萄乐园是我的出生地，这里的水果大家都可以品尝。

"今天我要在这葡萄园里，从那枝最高而结果最多的葡萄藤上，摘下智慧的葡萄。因为，这些葡萄是我这个职业里最贤德的人，一代一代种植下来的。

"今天我要尝一尝这些葡萄的滋味，还要吞下每一粒成功的种子，使新生命在我的心里萌芽成长。

"我所选择的这个行业，充满机遇，没有悲伤和失望。而那些已经失败的人，如果将他们一个个地叠起来，会比地面上的金字塔还高。

"但是，我像另外一批人一样，不会失败。因为我的手里握有航海图，指示我游过波涛汹涌的海洋，到达彼岸。过去的，只是一场梦罢了。

"失败不再是我奋斗的代价。失败像痛苦一样，不适合我的生活。过去我曾接受它，那是因为我需要痛苦。现在我拒绝它，这是因为我有了智慧和原则，指引我走出阴暗，进入富庶、幸福和远超过我梦想的康庄大道。在那里，苹果园里的金苹果也不过是给我的一点点儿报酬而已。

"人要能长生不老，就可以学到一切，但我不能永生。所以，在我有生之年，我必须练习忍耐的功夫。因为，造物主做起事来，从来不是匆匆忙忙的。创造橄榄树———一切树木之王——需要一百年。一个洋葱十个星期就长成了。我曾像一个洋葱一样的活着，我很不高兴。现在，我要成为最了不起的橄榄树。实际上，我要成为一名成功人士（应具体一点，如演讲家、科学家等）。"

这种习惯有什么用呢？这里面隐藏着人类本能的秘诀。当每天重复念这些话的时候，它们很快就会成为精神活动的一部分。而最重要的是，它们会溜进心灵，变成奇妙的源泉，永不停止，创造幻境，并使你

做出难以理解的事情。

当话语被奇妙的心灵完全吸收的时候，每天早晨，你便开始带着以前从来没有过的一种活力醒过来。你的元气将会增加，你的热忱将会升高，你创造世界的欲望将会克服一切恐惧，你将会比你想象中的快乐更快乐。

最后，你发现自己已有了应付一切情况的方法。不久，这些方法就能运用自如。因为，任何方法只要练习，就会熟能生巧，困难的也变成容易的了。

你一旦喜欢去做，就愿意时常去做，这是人的天性。当你时常去做的时候，它就成了你的一种习惯，你也就成为它的奴仆。因为它是一种好习惯，也就是你的意愿。

你要郑重地对自己宣誓说，没有人能够阻碍你的新生命的成长。实际上，每天在这新的习惯上花费几分钟，对将要属于你的那种快乐和成功来说，只是付出微小的一点代价而已。

智慧的葡萄被挤压到一个装着酒的瓶子里，葡萄皮和渣抛给了鸟吃。许多没有用的东西，已经过滤出来，随风飘逝。只有纯粹的真理，提炼在将来的话语之中。

今天，你的老皮已经变得如尘埃逝去。你要在众人中昂首阔步，不管他们认不认识你。因为，今天你是一个有着新生命的新人。

不断运用这些心理暗示，就能培养良好的习惯，消除坏习惯。

改变从心开始

习惯藏于我们内心深处。从小到大，我们都会接收到各种知识，但就在我们认识世界的同时，一个个不可避免的习惯也会套在我们的头脑里。一个人要时常清扫内心的灰尘，从内心深处改变自己。

一个小孩在看完马戏团精彩的表演后，随着父亲到帐篷外拿干草喂养表演完的动物。小孩注意到一旁的大象，问父亲："爸，大象那么有力气，为什么它们的脚上只系着一条小小的铁链，难道它无法挣开那条铁链逃脱吗？"

父亲笑了笑，耐心为孩子解释："没错，大象是挣不开那条细细的铁链的。在大象还小的时候，驯兽师就是用同样的铁链来系住小象，那时候的小象，力气还不够大，小象起初也想挣开铁链的束缚，可是试过几次之后，知道自己的力气不足以挣开铁链，也就放弃了挣脱的念头，等小象长成大象后，它就甘心受那条铁链的限制，而不再想逃脱了。"

正当父亲解说之际，马戏团里失火了，大火随着草料、帐篷等物，燃烧得十分迅速，蔓延到了动物的休息区。动物们受火势所逼，十分焦躁不安，而大象更是频频踩脚，仍是挣不开脚上的铁链。

炙热的火势终于逼近大象，只见一只大象已被火烧着，灼痛之时，猛然一抬脚，竟轻易将脚上铁链挣断，迅速奔逃至安全的地带。

有一两只见同伴挣断铁链逃脱，立刻也模仿它的动作，用力挣断铁链。但其他的大象却不肯去尝试，只顾不断地焦急转圈踩脚，进而遭大火席卷，无一幸存。

在大象成长的过程中，人类聪明地利用一条铁链限制了它，虽然那样的铁链根本系不住有力的大象。可在我们的头脑中，是否也有许多看不见的链条系住我们？而我们却已经把这些视为习惯，理所当然，进而向环境低头。

这一切都是我们心中那条系住自我的铁链在作祟罢了。或许，你必须耐心静候生命中来一场大火，逼得你非得选择挣断链条或甘心遭大火席卷。或许，你将幸运地选对了前者，在挣脱困境之后，语重心长地告诫后人，束缚我们发展的也许正是我们自己心中的习惯。

体育运动中举重项目之一的挺举，有一种"500磅（约227公斤）

瓶颈"的说法，也就是说，以人体的体力极限而言，500磅是很难超越的瓶颈。499磅的纪录保持者巴雷里，比赛时所用的杠铃，由于工作人员的失误，实际上超过了500磅。这个消息发布之后，世界上有六位举重好手在很短时间就举起了一直未能突破的500磅杠铃。

有一位撑竿跳的选手，一直苦练都无法越过某一个高度。他失望地对教练说："我实在是跳不过去。"

教练问："你心里在想什么?"

他说："我一冲到起跳线时，看到那个高度，就觉得我跳不过去。"

教练告诉他："你一定可以跳过去。把你的心从竿上摔过去，你的身子也一定会跳着过去。"

他撑起竿又跳了一次，果然轻松跃过。

可见，一切固守在内心深处的习惯往往都会束缚着你的手脚，使你无法施展。一个人要能够经常从内心深处改变自己的不好习惯，日久天长，自己内心深处开始发生一点变化，人生观有了进一步端正，人生会不断得到发展。

心灵悄悄话

清晨早起是一个好习惯。这也要从小时候养成。很多人从小就贪睡懒觉，一遇假日便要睡到日上三竿还高卧不起，平时也是不肯早起，往往蓬首垢面的就往学校跑，结果还是迟到。这样的人长大了之后也常是不知振作，多半不能有什么成就。祖逖闻鸡起舞，那才是志士奋斗的榜样。

第三篇

好习惯塑造好形象

习惯是一种常态,是一个人思想、品行、作风的自然流露和真切体现。

好形象来自好习惯,我们要从养成良好的习惯入手,塑造出一个让别人欣赏、令自己满意的美好形象来。

伦敦商学院的著名行为心理学家尼克森教授说:"人们用三个概念描述成功的领导者——性格、能力、形象。"尼克森教授给我们直接的启示就是,你需要习惯性地、有意识地塑造你的个人形象。

谦虚的品行让你收获更多

谦虚的伟大之处

老子曾经告诫世人："不自见，故明；不自是，故彰；不自伐，故有功；不自矜，故长。"这句话的大意是，一个人不自我表现，反而显得与众不同；一个不自以为是的人会超出众人；一个不自夸的人会赢得成功；一个不自负的人会不断进步。

的确，你谦虚时就显出对方的高大；你朴实和气，他人就愿与你相处，认为你亲切、可靠；你恭敬顺从，他的指挥欲得到满足，认为与你配合得很默契、合得来；你愚笨，他就愿意帮助你，这种心理状态对你非常有利。相反，你若以强硬姿态出现，处处高于对手，咄咄逼人，对方心里会感到紧张，做事没有把握，而且容易让对方产生一种逆反心理，使交往和工作难以继续。

晋襄公有个重孙，名叫晋周。这位晋周生不逢时，晋献公宠信骊姬，晋国公子多遭残害。晋周虽然没有争立太子的条件，更无继位的希望，也同样不能幸免。

为保全性命，晋周来到周朝，跟着单襄公学习。晋是当时的大国，晋周以晋公子身份来到周朝。但晋周自小受父亲教育，养成良好的品性，他的行为举止完全不像一个贵公子。以往晋国的公子在周朝，名声都不好听，晋周却受到对人要求严厉的单襄公的称誉。

单襄公是周朝有名的大臣，学问渊博，待人宽厚而又严厉，是周天子和各国诸侯王都很尊敬的人，晋周很高兴能跟着他，希望能跟着单襄公好好学习，以成长为有用的人才。

单襄公出外与天子王公相会，晋周总是随从在后。单襄公与王公大臣议论朝政，晋周从来都是规规矩矩地站在单襄公身后，有时，一站几个小时，晋周都从未有一丝不高兴的神色。王公大臣都夸奖晋周站有站相，坐有坐姿，是一个少见的恭谦君子。

晋周在单襄公空闲时，经常向单襄公请教。交谈中，晋周所讲的都是仁义忠信智勇的内容，而且讲得很有分寸，处处表现出谦虚的精神。

晋周虽然在周朝，仍十分关心晋国的情况，一听到不好的消息，他就为晋国担心流泪；一听到好消息，他就非常高兴。一些人不理解，对晋周说："晋国都容不下你了，你为什么还这样关心晋国呢？"晋周回答："晋国是我的祖国，虽然有人容不下我，但不是祖国对不起我。我是晋国的公子，晋国就像是我的母亲，我怎么能不关心呢？"

在周朝数年，晋周言谈举止的每一个细节，都谦虚有礼，从未有不合礼数的举动发生。周朝的大臣都夸奖他。

单襄公临终时，对他儿子说："要好好对待晋周，晋周举止谦虚有礼，今后一定会做晋国国君的。"

后来，晋国国君死后，大家都想到远在周朝的晋周，就欢迎他回来做了国君，成为历史上的晋悼公。

晋周作为一个毫无条件争当太子的王子，仅以谦虚的美德，便征服了国内外几乎所有有权势的人，最终被推上了王位，可见谦虚的力量有多么巨大。

许多人并不看重谦虚的美德。事实上，谦虚是一项积极有力的特质，只要妥善运用，就会使人类在精神上、文化上或物质上不断地提升

与进步。

在现实生活中，不论你想要取得什么样的成功，谦虚都是必要的品质。在你到达成功的顶峰之后，你会发现谦虚真的十分重要。因为只有谦虚的人才能得到智慧。

骄傲是无知的别名

所有骄傲的人都认为，自己有学识、有能力，或有功劳；而谦逊的人却总是习惯认为自己还差得很远。骄傲者也许真的有其骄傲的资本，而谦虚者真的差得很远吗？

骄傲的真正原因并非饱学，而是因为无知。同样，谦虚的真正原因也不是他差得很远，恰恰相反，他的确不比别人差。谦虚与骄傲的原因在于一个人的总体修养如何，而不在于是否多读了几本书、多做了几件事。

苏格拉底是古希腊哲学家中最受人尊敬的一位，他不仅学识渊博，而且非常善于辨析，当时能够提出的任何问题，只要到了他的手里，没有不迎刃而解的。但是他非常谦虚，从来不以权威自居，循循善诱，让对方自己得出正确的结论。

由于博学而谦逊，苏格拉底被公认为最聪明的人，但是苏格拉底却一点也不这样认为。他说："不可能！我唯一知道的事情是，我一无所知。"

众人仍异口同声地称赞他是天下最聪明的人，并建议他到山上的神庙去占卜，看看天神的意见如何。于是苏格拉底来到神庙去占卜，占卜的结果明白无误：他确实是天下最聪明的人。面对神谕，苏格拉底无话可说了，但是口里仍然喃喃自语："我唯一知道的事情是，我一无所知。"

有一个小伙子，很聪明，身边的人常常夸耀他，所以他不知不觉开始狂妄自大起来，似乎觉得自己已经是全世界最聪明的人了。

有一次，他听说在一个树林里住了一位老人，而这个老人比他还要聪明，所以他开始有些不服气，特意在某一天找了时间去拜访这位老人。他一来到老人住的地方，老人正坐着喝茶，还在他的位置前留了一个座位，座位旁也放着一个杯子，似乎知道今天有人要去拜访他。老人看到小伙子随即就向他打招呼，并让他坐下。

小伙子坐下后，老人就开始给他倒水。小伙子则小心翼翼地一直留意着这个老人的一举一动。不一会儿，小伙子觉得似乎什么东西从桌子上流了下来，仔细一看，原来是他杯子里的水，已经满溢出来了，可这个老人似乎好像没发现一样，还在往杯子里倒水。然后小伙子立刻提醒了他，并阻止了老人家这一在他看来似乎很愚昧的举动。

随后老人冷静地坐下来看着这个小伙子，温和地跟小伙子说："你看，你杯子里的这个水我刚刚倒满了，再想要往里面倒的时候却怎么也倒不进去了，唉，真可惜。"

小伙子一听很纳闷，觉得这个老人很怪，心里似乎在想些事情。老人似乎也看出了年轻人的心事，然后仔细地凝视他，认真而真诚地跟他说："年轻人啊，你现在就像这杯水，当你自满的时候已经再也装不进什么东西去了。也许你在某些方面比别人更聪明，在某些方面比人家更出色，但有时候这某些方面的聪明可能会误导你，以致让你在其他方面更愚昧。因为聪明也会被聪明误啊。"

列夫·托尔斯泰曾经有一个巧妙的比喻，用来说明骄傲的原因。他说：一个人对自己的评价像分母，他的实际才能像分子，自我评价越高，实际能力就越低。

人生最大的毛病是自私，人生最大的失败是骄傲。青少年要想避免骄傲，少出现些失误，可以从以下几方面考虑。

(1) 学会全面地分析问题，摆正自己的位置。山外有山，天外有天，自然界的事物无止境，要想认识自己，就必须丢掉个人主义的有色

眼镜，学会全面、客观、发展地看问题，学会掌握分析事物的方法。人一旦跳出自我的小圈子，站在客观的高处，低头看，就会找到自己的位置。到那时，就不会过高地评价自己，就不会昏昏然，就会发现我们只是沧海一粟。我们所取得的成绩和所谓的那点资本同别人相比，同未来事业的需要相比是微不足道的，这样，我们会冷静许多。

（2）**树立远大的理想和抱负。**理想和追求是人生前进的风帆。胸无大志，一点小成功便沾沾自喜，裹足不前，是不可取的。而胸有大志之人，决不会在半坡上陶醉小胜利，更不会马放南山，刀枪入库，不求进取。理想和追求，不仅是磁场，也是一种压力，教人松不得半口气。

（3）**正确地对待成绩和荣誉。**取得成绩，应当引为自豪，但成绩只能说明过去，不能说明未来。再说，一个人的成长，有许多客观因素，这里有老师的培养、同学的帮助，还有许多默默无闻为我们服务的人们，我们不能把账都记在自己的功劳簿上。成功的奖章上也有他们的汗水。离开他们，我们寸步难行。

鸟儿系上铅块，飞不起来；戴着花环同样也飞不高、飞不远。骄傲就好比鸟儿不肯丢弃的花环。人生好比逆水行舟，不进则退，骄傲是人生路上的一个红灯。我们对此决不可掉以轻心。

富兰克林说："我们各种习气中再没有一种像克服骄傲那么难的了。虽极力藏匿它，克服它，消灭它，但无论如何，它在不知不觉之间，仍旧显露。"可见克服骄傲心理是件长期的任务。人，最重要的事是认识自己。

心灵悄悄话

大声讲话，扰及他人的宁静，是一种不好的习惯。我们要随时随地为别人着想，维持公共的秩序，顾虑他人的利益，不可放纵自己。在公共场所人多的地方，要知道依法排队，不可争先恐后地去乱挤。

用诚实守信做立世的基石

别为说谎找借口

我们知道，那些没完没了地说谎和弄虚作假的人，他们最终的结果就是：即使某一天他说了实话，大家也不会再信任他。因为再美丽的谎话也只能欺骗别人一次两次，多了就没有人再相信，就像我们熟知的那个"狼来了"的故事中的孩子一样。

所以，每一个孩子都应该养成诚实守信的习惯，言必信，行必果，不仅是对别人的尊重，更是对自己的尊重。

在赖特18岁那年的一个早上，父亲要赖特开车送他到20英里之外的一个地方。那时赖特刚学会开车，就非常高兴地答应了。

赖特开车把父亲送到目的地，约定下午3点再来接他，然后就去看电影了。等最后一部电影结束的时候，已经是下午5点了。赖特迟到了整整两个小时！

当赖特把车开到预先约定的地点时，父亲正坐在一个角落里耐心等待。赖特心里暗想，父亲如果知道自己一直在看电影，一定会非常生气。

赖特先是向父亲道歉，然后撒谎说，他本想早些过来的，但是车子

出了一些问题，需要修理，维修站的工人们花了两个小时的时间才将车修好。

父亲听后看了他一眼，那是赖特永远不会忘记的眼神。

"赖特，你认为必须对我撒谎吗？我感到很失望。"父亲说。

"哦，您说什么呀？我说的全是实话。"赖特争辩道。

父亲又一次看了他一眼："当你没有按预约时间到达时，我就打电话给维修站，问车子是否出了问题，他们告诉我你没有去。所以，我知道车子根本没出问题。"强烈的羞愧感顿时袭遍赖特的全身，他无可奈何地承认了看电影的事实。

父亲专心地听着，悲伤掠过他的脸庞。"我很生气，不是生你的气，而是生我自己的气。我觉得作为一个父亲我很失败，因为你认为必须对我说谎，我养了一个甚至不能跟父亲说真话的儿子。我现在要步行回家，对我这些年来做错的一些事情好好反省。"

赖特的道歉，以及他后来所说的话对父亲都是徒劳的。

整整 20 英里的路程，赖特一直跟着父亲，时速大约为每小时 4 英里。

20 英里的路程里，看着父亲遭受肉体和情感上的双重折磨，这是赖特生命中最难过和痛苦的经历。然而，它同样是赖特生命中最成功的一次教育。自此以后，赖特再也没有对父亲说过谎。

作为孩子，不管犯了什么错误，都不能为了推卸自己的责任而编造谎言。比如：两个人抢一本书，结果书被撕坏了。如果您的儿子说：都是他不好，我叫他别抢，他非不听。或者告诉您，书是他撕坏的。诸如此类的话，您都要重视起来，因为您的儿子正在将他自己放在被同伴轻视与讨厌的位置上，"抢"本是双方的行为，根本不需要辩解。

再比如：家里来了个比您孩子小几岁的孩子，大家都将注意力放在了更小的"小不点"身上，您孩子可能会因嫉妒而趁大人不注意的时候掐那个孩子，使得那孩子大哭，那孩子因为太小而不会解释。而他呢，却故意说："这不关我的事！""瞧这家伙，老哭，多烦！"

这些都是孩子可能会做的事，做父母的一定要让孩子明白：推卸责任的同时，你也就可能失去同伴，因为本来是两个人抬的东西，你突然放手，岂不害苦了同伴？而如果是一起扛着很重的东西，你的"逃跑"，可能要害死同伴了。即使不害死同伴，同伴又怎敢再与你一起？

但生活中，往往可怕的是，做父母的有时成了孩子的"帮凶"。比如：一群踢球的孩子，突然一不小心将他人的玻璃踢碎了。这时，你正好看到自己的儿子也在里面，于是你大声训斥："快回来，不好好在家做作业，干什么呢？跟着'调皮鬼'都学野了！"

其实，从广义上讲所有的谎言都有一个特点，即推卸责任。实际上说谎不仅会导致他人受骗，他人因而会很难受；自己对自己的行骗行径，也不会心安好受。而且只要被人发现你骗了他，你以后所说的一切都笼罩了"可疑"的阴影。在孩提时代，常见的有：孩子因考试成绩而说谎，父母对成绩差当然生气，但孩子其实也不好过：没被揭穿时提心吊胆；被揭穿了，多是害怕遭"打骂"。而且父母以后往往会神经质般的查证孩子，比如给孩子的老师打电话，给同学打电话。

苏联教育家马卡连柯讲："'诚信做人'不是从天上掉下来的，而是在家庭中养成的。孩子在家庭中也可能被教养成为不忠诚老实的人，这完全取决于父母的教育方法。"所以切记一点，只要孩子撒谎的事件发生了，对家长就是一个很重要的警告。您在孩子心中的信任、尊严、形象已经像风化的岩石一样正在崩溃。

那么，家长如何培养孩子不说谎敢作敢当的习惯呢？

1. 要满足孩子合理的愿望和要求

对孩子提出的合理要求要尽量满足，如一时无法满足，必须向孩子说明理由。如果对他们的愿望与要求不分青红皂白地一律予以理睬或一味拒绝，就容易使他们说谎或背着家长干坏事。一个孩子爱画画，多次要求妈妈给买彩笔，可是他妈妈没把此事放在心上，一直没给买。为了得到这盼望已久的彩笔，孩子开始骗妈妈："我们老师说，明天每人要

带一盒彩笔去画画。"妈妈不敢违背老师的要求，赶紧去买了盒彩笔，孩子终于以说谎的办法达到了目的。

2. 正确对待孩子的过错

孩子或因自制力弱，或因年幼无知，或因其他偶然的原因，常会出现差错，对此，家长要冷静对待。孩子犯了错误，家长要本着关心爱护的原则，态度温和地鼓励孩子承认错误，帮助孩子找出犯错误的根源，改正错误。这样，孩子会信赖你，亲近你，敢于向你说真话。如果用训斥、讥讽或体罚来对待孩子的过失，就可能使他们为了逃避"灾难"而说谎。

3. 家长要做诚实守信敢作敢当的榜样

如果要求孩子拾金不昧，家长就不能将捡到的物品据为己有；如果要求孩子诚实守信不说假话，家长就不能哄骗孩子；如果要求孩子敢作敢当，家长就不能推卸责任。

有的家长在孩子面前常常言而无信。例如，孩子哭闹时，父母常用许诺来哄孩子："别哭了，回头妈妈给你买冲锋枪。"尽管这样说时，家长并没想到兑现，但孩子却信以为真，满怀希望地等待着。如果一次次许诺都不过是一张张空头支票，孩子的一次次希望都成了泡影，久而久之，孩子不仅逐渐失去了对家长的信任，慢慢地也就学会了说谎。

4. 家长不能在孩子面前说谎

现代社会，家长压力很大，由于工作生活等各方面原因，家长有时会在家中接电话时"说谎"，比如说"自己不在家"而自己明明在家，家长要尽量不当着孩子面"说谎"，即使是善意的谎言。

诚实的品格是可信的源泉

中国人自古就有："言必信，行必果""人无信不立"的警句。讲信用，守信义，是立身处世之道，是一种高尚的品质和情操，它既体现了对人的尊敬，也表现了对己的尊重。一个守信用的民族，才能跻身于世界民族之林，一个守信用的国家，才能为国际所信赖。

曾子是孔子的得意门生，儒家思想就是孔子通过曾子传给孔子嫡孙子思，再传给孟轲，形成孔孟之道的，所以，曾子被儒家尊为"宗圣"。

有一天，曾子的妻子要到集市上去，小儿子哭闹着要跟着去。曾妻戏哄儿子说："好乖乖，你别哭，你在家里等着，妈妈回来杀猪炒肉给你吃。"儿子听说有肉吃，便答应不随母亲去了。

太阳快落山的时候，曾妻从集市买完东西回来了。只见家里养的那头小猪已经被捆了起来，在那里大声地号叫。曾子正在磨刀，准备杀猪。儿子站在父亲的身边，高兴得手舞足蹈。儿子看到母亲回来了，就蹦蹦跳跳地迎上去说："爹爹要给我杀猪了，我要吃肉了。"曾妻见此情景，赶紧过来阻止。她气冲冲地质问曾子："你疯了，今天既不是过年又不是过节，也没有贵客临门，你杀猪干什么？"曾子反问说："你临走的时候，不是对儿子说只要他不哭，晚上就给他杀猪做红烧肉吗？"曾妻这才想起来上午哄骗儿子的话，忙说："我那是骗他呢，怎么你也当真了？"孩子听到母亲这样说，小嘴一撇，眼泪哗哗地流了下来。

这时，曾子语重心长地对妻子说："你要知道，孩子是哄骗不得的。孩子年幼，什么都不懂，只会学父母的样子，相信父母的话。父母的一言一行，都会在孩子的脑海里打下深深的烙印。因此，做父母的一定要言而有信，说话算数。怎么能哄骗他呢？俗话说'有其父必有其子'。如果父母不诚实，孩子就会撒谎；如果父母不守信用，孩子便会经常骗人。难道你愿意让我们的儿子养成说话不诚实，经常骗人的坏习惯吗？你现在想想，这猪到底该不该杀？"

曾妻觉得曾子的话有道理。她当然不想让儿子养成说谎的坏毛病，她希望儿子像曾子一样，成为一个"言必信，行必果"，有着高尚情操

的人。于是，曾妻就挽起袖子，帮助曾子把猪给杀了，晚上儿子高高兴兴地吃了一顿红烧肉。

　　曾子的家里并不富有，一头小猪可以说是家里很重要的财富，可是为了兑现对儿子许下的诺言，曾子不惜磨刀杀猪，而且借此机会和妻子讲解诚信对教育孩子的重要性，最后终于让妻子心悦诚服。

　　诚信是做人立身之根本，也是人际交往中的一个重要原则，其基本要求就是诚实守信，要做到言必信，行必果。父母是孩子最好的老师，有什么样的父母就有什么样的孩子，曾子杀猪立信以教育孩子，非常值得称道。

　　魏文侯，战国时期魏国的创立者。有一次，魏文侯与掌管山泽园囿和田猎的官员虞人约定，将于某一天一同去附近的一个山上打猎。二人说好不见不散。

　　这一天到了，几个大臣在宫里陪着魏文侯，一边饮酒，一边欣赏歌舞。文侯很高兴，大臣们看到文侯高兴，自然也很愉快。正在这个时候，突然下起雨来。文侯突然想起来，今天是他与虞人约好打猎的日子。于是他就命令下人赶快为他备好马和弓箭，准备去打猎。

　　左右的官员们都非常不解，问道："主公，刚才我们一起喝酒，欣赏歌舞，大家都很高兴，何不继续呢。更何况现在下起雨来，您这要去哪里啊？"文侯说："刚才我忽然想起来，今天是我和虞人约好去打猎的日子。我不能违约啊，虽然刚才我们在一起喝酒欣赏歌舞，也很快乐，但是既然我和人家约好了，而且说定不见不散，那么我就一定要去的。"大臣们都劝他说："主公，现在下雨了，您不去的话，虞人不会有什么意见的。更何况您是主子，他是臣子，主子做什么都是对的，臣子是不能给主子挑毛病的。您还是不要去了。"

　　魏文侯不肯，仍旧让下人们赶快准备马匹、弓箭，自己到内堂换上了打猎的行装，准备出发。大臣们还想说什么，可是魏文侯一句都不听，坚持去履约打猎。此时，虞人正在他和魏文侯约定的地点等候，看到突然下起雨来，他想，文侯肯定不会来了，下这么大的雨，万一淋病了怎么办，他想等等看，文侯不来自己也回去吧。可是就在这时，他听到远处有马蹄的声音，接着就看到文侯骑着马向自己跑来。虞人感动得热泪盈眶，赶忙上前给文侯行礼，对他说："主公，下雨了，您不必来赴约啊。"文侯却说："我和你约好的，即使下再大的雨我也得来，否则就是不讲信用啊。"说着就拍拍马屁股，到树林中打猎去了。

与别人做个简单的约定，只不过是张张口的事情，十分简单，但是真正做到守信就不那么简单了，只有真正的诚信之人，才能够在任何条件下都不爽约。

守信践约是诚信的具体要求和表现，魏文侯作为一国之君，什么事情全凭他一个人说了算，可是他并不倚仗自己的权力而随便失信于臣子，即使大雨如注也坚决赴约，这就是真正的诚信之人。

做一个一诺千金的人

韩信，淮阴人，汉初著名将军。他从小喜欢读兵书，有着满腹的学识，天天想着能披甲上阵，在战场上建立自己的功业，当个大将军。可是在他年轻的时候，没有人赏识他的才华，因而他总是郁郁不得志。

那时候，韩信很穷，日子过得很清苦。为了糊口，他经常到江边钓鱼，如果运气好的话，一天能钓上几条鱼，这样不但能够解决自己的肚子问题，还能换几个钱补贴生活。可是，钓鱼也不是一件容易的事，并不是天天都能钓到鱼的，如果钓不到，他就只能饿肚子了。

有一天，韩信又到江边去钓鱼，眼看着已经晌午了，自己却连一条鱼都没有钓上来。韩信又饿又累，没有办法，就坐在那里望着自己的钓

竿发呆。江边有一个洗衣服的老大娘，看到韩信一个人坐在江边，垂头丧气的，就十分关心地走过来，问道："年轻人，你怎么了，有什么不开心的事情吗？"韩信抬起头，见是一位和蔼可亲的老大娘，就如实告诉她说："大娘，我家里没有吃的了，想到这里钓几条鱼换钱买吃的，可是我钓了一上午也没有钓到一条鱼，我现在饿得不行了。"

老大娘听了，不由得生起怜悯之心，对他说："年轻人，如果你不嫌弃，就先到我家吃点东西，填填肚子吧。"韩信当时饿得不行了，哪里还管什么好坏，只要有吃的就成，因此，他非常高兴地收起钓竿，和大娘一同回家吃饭去了。

韩信和老大娘一边走一边说话。老大娘从韩信的口中了解到韩信的家世和他的抱负，从心里喜欢这个虽然生活贫困，但是却很有理想的年轻人。从此以后，老大娘经常送给韩信一些饭菜以接济他，韩信对此感激不尽。

一天，老大娘又给韩信送来一些饭菜，韩信很感动，对老大娘说："大娘，您对我真好，总是接济我，等以后我做了大事，一定要好好报答您老人家！"老大娘听后，却生气了，说："你以为我是为了让你报答才帮助你的吗？你错了，我看你是个堂堂大丈夫却不能养活自己，因为同情你我才帮助你的。"韩信听了老大娘的话，默默吃着饭，心里却泛起了波澜。不久，韩信就告别了老大娘，离开了家乡，出外去闯荡了。

很多年过去了，韩信成了刘邦军中有名的将军，帮助刘邦打天下，建立了汉朝。刘邦封他做了楚王，他也获得了很高的声望。但是，在他心中一直惦记着那个曾经接济过他的老大娘。一天，韩信派人打听老大娘的近况，得知老大娘仍旧在他家乡过着清贫的日子，韩信就派人给她送去各种物品，让老大娘不再过那种劳碌贫困的生活，而且他还特意回家乡看望老大娘，并给老大娘送去了一千两黄金。

老大娘说："你不要把这些黄金给我，一来我已经老了，活不了多少天了，要这么多钱也没有用，将来我也不能把它们带到棺材里；二来我也没有为你做过什么大不了的事，哪能要你这么多钱呢？"韩信恳切地说："当年我肚子饿的时候，您给我的虽然是粗茶淡饭，但对我来说这帮助是巨大的，更何况您那时生活也很艰难，现在我有地位，有钱了，理应报答您。当年我也说过，等我以后做了大事，一定要好好报答您的！"老大娘感动得热泪盈眶。韩信接着说："我知道，当年您并不是为了要我报恩才帮助我的。但也正是因为如此，我才更感到您是真心对我好，所以，我就更该好好地感谢您，报答您啊！"

俗话说**"滴水之恩，当涌泉相报"**。自古中华民族就有济困、报恩的传统美德。韩信在困顿的时候得到那位老大娘的接济，度过了生命中最难熬的时光。韩信做了大将军，帮助刘邦打了天下后，仍旧没有忘记当年对那位老大娘的承诺，这就是践诺，是守信的表现。

自己许过的诺言，无论过了多长时间，都应该记得，也许你不经意间的一句诺言，对你来说早已忘记，但是对别人来说却铭刻在心，所以许出的诺言就一定要兑现，否则不要轻许诺言。

现代社会，许多年轻人多了几分轻狂和世故，而少了几分成熟和诚信，这是因为从小未能受到良好的诚信教育。其实无论在什么年代，踏踏实实做人，老老实实做事，诚实为本，取信于人是一个人取得成功的关键。通向成功的路上没有捷径可循，诚信为第一因素，这是亘古不变的真理。

心灵悄悄话

> 时间就是生命。我们的生命是一分一秒地消耗着，我们平常不大觉得，细想起来实在值得警惕。我们若能养成一种利用闲暇的习惯，一遇空闲，无论其是多么短暂，都利用之做一点有益身心之事，则积少成多终必有成。

反省才能认清自己

著名作家李奥·巴斯卡，写了大量关于爱与人际关系方面的书籍，影响了很多人的生活。

据说，他之所以有这样卓越的成就，完全得力于小时候父亲对他的教导。小时候，每当吃完晚饭时，他父亲就会问他："李奥，你今天学了些什么？"这时李奥就会把学校学到的东西告诉父亲。如果实在没什么好说的，他就会跑到书房拿出百科全书学一点东西告诉父亲后才上床睡觉。

这个习惯一直到今天还维持着，每天晚上他都会拿十年前父亲问他的那句话来问自己，若当天没学到点什么东西，他是绝不会上床的。这个习惯时时刺激他不断地吸取新的知识，产生新的思想，不断地进步。

无独有偶，在一位作家的书房里，赫然醒目地挂着一张条幅："在飞逝的今天，你为生活留下了什么？"而且问号写得特别大。这位作家说："这张条幅像悬在我脊梁上的一条鞭子，问号像一把锋利的钩，直刺我的心灵。"他认为，善待每一天是成功人生的真实写照。每一天都是描绘成功人生画卷的一笔，我们必须认真地画好每一笔。人生好比一卷长长的胶片，每一格胶片记录着每天的生活态势。所谓反省，就是反过来省察自己，检讨自己的言行，看一看有没有要改进的地方。

反省是自我认识水平进步的动力。反省是对自我的言行进行客观的评价、认识自我存在的问题、修正偏离的行进航线的重要举措。

人为什么要经常反省？因为人不是完美的，总是有个性上的缺陷、智慧上的不足，而年轻人更缺乏社会历练，常常会说错话、做错事、得罪人。反省的目的在于建立一种监督自我的畅通的内在反馈机制。通过这种机制，我们可以及时知晓自己的不足，及时纠正不当的人生态度。良好的反省机制是自我心灵中的一种自动清洁系统或自动纠偏系统。反省是砥砺自我人品的最好磨刀石，它能使你的想象力更敏锐，它能使你更加真正认识自我。

曾子云：吾日三省吾身。这是圣贤的修身功夫，凡人不易做到，但时时提醒自己，检视一下自己的言行却不是太难的事。一个人一旦有了不当的观念，或做了对不起人的事，可能瞒过任何人，但绝对骗不了自己。

人之所以会做对不起别人的事，不单是外界的诱惑太大，更多的是自己的欲念太强，理智屈就于本能冲动。而一个常常做自我反省的人，不仅能增强自己的理智感，而且必定知道什么是自己该做的，什么是自己不该做的。

对个人来说，方式可以灵活机智些，只要是反省自己，随时随地都可以进行。而孩子需要父母引导，如果从小能培养反省习惯，对其一生是利大于弊。因为建立自我反省机制是为了反观自我的不足，以达到提升自我、健全自我和改善自我的目的。

人要从这样几个方面认识反省、看待反省。

1. **正视人性的弱点，认识反省自我的必要性。**毋庸置疑，人的通病都是"长于责人，拙于责己"或"以自我为中心"。反省要求的是"反求诸己"，而不是找他人的不是。反省是一面心镜，通过它可以洞观自己的心垢。自我如同眼睛一样可以尽情地看外面的世界，却无法看到自己。反省机制的建立将彻底改变这一局限。说反省难就难在你愿不愿意去看到心垢，有没有勇气去洗刷它。而孩子要从小培养自省习惯，从简单的做了什么事回想一下到将来养成习惯，是一个需要引导的过程。

2. **反省是认识自我、发展自我、完善自我和实现自我价值的最佳方法。**成功学专家罗宾认为：我们不妨在每天结束时好好问问自己下面

的问题：今天我学到些什么？我有什么样的改进？我是否对所做的一切感到满意？如果你每天都能改进自己的能力并且过得很快乐，必然能够获得意想不到的丰富人生。真诚地面对这些提出的问题就是反省，其目的就是要不断地突破自我的局限，省察自己，开创成功的人生。成功不是一朝一夕的，孩子的习惯也不是一日培养的，反省是一个对成人都难以实现的问题，对孩子更是做父母做老师要做的一道难题。

3. **反省的内容就是时时扪心自问自己的言行，这是郑重的人生之问**。每天进行心灵盘点，有益于及时知道自己近期的得与失，思考今后改进的策略。当然对于孩子来讲，主观意识的形成需要一定时间，他们的思考也是不全面的，但让孩子有一颗真诚的心，这也是反省的内容之一。

4. **反省的立足点和取向主要是针对自己，省悟自身的不是**。这不仅是自身素质不断完善的手法，而且是融洽人际关系的法宝。比如，"念自己有几分不是，则内心自然气平；肯说自己一个不是，则人之气亦平"；"自知其短，乃进德之基"；"先问自己付出多少，再问人家给了多少"，等等，都是很好的反省方法。若我们能时时这样去反省，就能使自己心平气和，善结人缘，力求进取，开创光辉的人生。孩子自省应从小事着手，多教他们于己无私，少教他们依赖心理，多教他们让人，少教他们为己。

反省的方式可以灵活多样，像有人写日记；有人则静坐冥想，只在脑海里把过去的事拿出来检视一遍。

对孩子来说，无论幼儿园还是小学、中学，父母均应以提问或关心方式来教育孩子有反省之心，反省内容不一而定，可以涉及学习、生活、交友、参加集体活动等各个方面，目的是养成孩子将来成人后自省习惯，并通过自省克服缺点，发扬优势，建立正确人生观、价值观及为人处事的良好能力，使习惯成为行为的自动化，时时增添好习惯，去除坏习惯、不良习惯。自省大至对于一个国家、一个民族是至关重要的，小到孩子个人将来能否走上正路，关乎他们一辈子是否幸福、能否成功。

只要我们都关注自身的发展，我们就无法回避认识自我。我是谁？我能干什么？我做得怎么样？我要到哪里去？……茫茫的人生旅途跋涉，我们都必须亮起一盏心灯，时时叮嘱自己"一路走好"。而"一路走好"看似简单，却要在人生旅途中遇到各种坎坷、困苦、磨难。每天自我反省，将会掌握思考的力量，并运用这种力量，达到自己期望的成就。

改掉易怒的坏习惯

易怒的习惯一定要节制，因为于人于己都是有害无益。

我们都知道，愤怒在某些情况下是一种自然的反应，但并不是在每一种情况下都要如此反应。我们所处的社会是靠彼此的合作和帮助维持的。我们必须经常控制某些直觉的情感。重要的是，我们要承认别人与自己都有情绪存在——但是我们不能拿它当借口，每次有什么感觉，就毫无考虑地发泄出来。

如果你是一个易于愤怒却不善于控制的人，建议你不妨设立一本愤怒日记，记下你每天的发怒情况，并在每周作一个小结，这会使你认识到：什么事情经常引起你的愤怒，了解处理愤怒的合适方法，从而使你逐渐学会正确地疏导自己的愤怒。

日记应由五个部分组成：简要地说明一下使你生气的事件；在从1（轻度激怒，没有明显反应）到10（狂怒）的量表中评估一下你的生气程度；直接引起你生气的事件、言语或行为（导火线），比如某人说话的语调，或一段特殊的谈话等；引起你生气的潜在原因，比如，你为另一件事感到烦躁不安、你极疲倦等；在这种情况下，疏导愤怒的合适方法（至少一种）。

坚持下去，相信你会受益于你的愤怒日记。

最后，还要提醒那些内心愤怒却不公开表达的人，单纯地压制愤怒不仅会引起生理障碍，如高血压、溃疡病、周期性偏头痛等，还会转化成神经官能症、抑郁症等心理疾病，并且会削弱人的自尊心。在与他人发生争执时，对自己应该如何行动犹豫不决的人，渐渐地会认为自己是一个懦夫。因此，请你学会适当地表达你的愤怒，在表达愤怒时要记住下面的原则。

1. 你的言论是指行为，而不是指某个人。换句话说，你可以批评他人的工作，但不要指责他人的才智。

2. 不要赘述过去的事，指责仅仅指向眼前的情境。

3. 永远不要涉及他人的家庭、种族、宗教、社会地位、外貌或说话方式。

4. 不要限制别人发火。当你向别人怒吼时，对方也有回敬的权力。

5. 如果你在其他人面前不公正地对一个人发了火，那么，你必须当着其他人的面向他道歉。

6. 让别人明确地知道你为什么生气。

7. 不要将事情做绝，要给自己留有余地。如果可能的话，给对方留一条后路。假如对方主动纠正了过失或道了歉，你就不要继续发火了。

心灵悄悄话

吃苦耐劳是我们这个民族的标志。古圣先贤总是教训我们要能过得俭朴的生活，所谓"一箪食，一瓢饮"，就是形容生活状态之极端的刻苦。恶衣恶食，不足为耻，丰衣足食，不足为荣，在这个人之修养上是应有的认识。

别让虚荣侵蚀你的身心

盲目攀比只会毁了自己

每个人从小时候开始就在攀比。幼儿园时攀比小红花，小学时攀比谁做的好事多，中学的时候攀比谁的成绩好，大学的时候攀比谁找的工作好，工作之后攀比谁拿的钱多。同学之间攀比，同事之间攀比，就连亲戚朋友之间也在攀比。

攀比是进步的原动力，区别只是攀比后的心态和行动，一味不平，找不到原因，什么都不做，留在心中不是阵痛、折磨就是愤愤不平，不平之后，那结果便可想而知。可如果攀比后发现自己的短处，立即行动，迎接你的便会是成功与掌声。

同时攀比忌好高骛远，自己没那么大的能力，却硬要和站在山顶上的人攀比，那真的变成"人比人，气死人"了。人生一世不容易，我们又何苦如此"虐待"自己？如果你有自己理想中的生活，那就让自己重生，丢弃那些让人喘不过气的石头。要明白，命运是在你手中，不要不看自己能力有多少就盲目地、没选择性地攀比，否则最后可能累到自己没有人心疼了。

有一位爱和别人比较的妻子对丈夫说："我们绝对不能输给别人，

你看你的同事小李，他职位不比你高，能力你们旗鼓相当，因此他有什么我们也一定要有。记住了吗？我问你，你知不知道他家最近又添了什么？"

丈夫回答："他最近换了一套新家具。"

太太说："那我们也要换套新家具。"

丈夫又说："他最近买了一辆新车。"

于是太太又说："那你也应该马上买一辆啊！"

丈夫接着又告诉太太："小李他最近……最近……算了，我不想说了。"

太太马上大声追问："为什么不说，怕比不过人家呀！快点说！"

丈夫便小声地跟妻子说："小李他最近换了一个年轻漂亮的妻子。"

太太没有话说了。

这个太太是很可笑的，什么都要和人家攀比，直到最后，听说人家把太太也换了，她才不再攀比了。生活中，很多人都习惯了和别人作比较，但事实上，每个人都有自己的长处，每个人都有自己的短处，人和人之间其实是没有太大的可比性的，盲目地和人家攀比，只会给自己增加一些无谓的烦恼。

许多的时候，我们感到不满足和失落，仅仅是因为觉得别人比我们幸运！如果我们安心享受自己的生活，不和别人比较，在生活中就会减少许多无谓的烦恼。

不要因为盲目地和人攀比，而忘了享受自己的生活。很多时候我们感到不满足和失落，仅仅是因为觉得别人比我们幸运！如果我们不去和别人比较，那么生活就会快乐得多。

《牛津格言》中说："如果我们仅仅想获得幸福，那很容易实现。但如果我们希望比别人更幸福，就会感到很难实现，因为我们对于别人幸福的想象总是超过实际情形。"人各有所长，各有所短。我们既不能专门以己之长，比人之短；也不应以己之短，比人之长。

很多人都有和别人攀比的习惯，比能力、比地位、比才学，好像没有比较，就不知道自己有多重，没有比较，一切成功都是枉然一样。其实在小时候，我们就常被告知，雪花是独一无二的，没有任何两朵雪花是相同的。我们的指纹、声音和DNA也是如此。因此可以肯定，我们每一个人都是独一无二的个体。然而，尽管我们知道历史上从来没有完全像自己一样的人存在过，但我们还是习惯于将自己与别人相比。我们把他们作为标准来衡量我们的成功与否，我们常常在报纸上读到某人取得了伟大的成就，然后很快就发现他们的年龄超过了我们，因此我们至少得到了一点暂时的安慰：我们也还是有可能取得同样的成功的。

但是，把自己与别人相比是毫无意义的，因为你根本不知道别人在生活中的目标与动力以及别人独一无二的能力。别人有别人的才干，你有你的才干。盲目的比较，或者会使你妄自尊大，或者会让你变得自卑自怨，可以说盲目攀比的习惯给我们带来的坏处是远多过好处的。

每个人都有各自的特点、各自的长处和短处，不断地拿自己与别人相比，这是一种糟糕的习惯，它将会对你的自我形象、自信以及你取得成功的能力产生负面影响。总之，生活中我们每一个人都是独一无二的，和人攀比就等于是抹杀了自己的独特之处。

面子没你想的那么重要

俗话说："树有皮人有脸""死要面子活受罪""打肿脸充胖子"，等等，似乎都在表明一个事实：我们国人往往可以为了"脸面"而忍辱负重，宁可自己吃大亏、吃闷亏也要在"面子"上过得去。似乎只有这样才能使自己在周围的人中有尊严，被人看得起，有"面子"。

好虚荣、要面子的心理焦虑具有一定的普遍性，其偶然性的行为，

并非是不良的心理品质。但是，如果形成了一种思维方式或行为方式，那就是"死要面子活受罪"了。

一个人不可能不要面子，但又不能够死要面子。死要面子的人，就往往会真正丢了面子。

曹雪芹在小说《红楼梦》、曹禺在话剧《北京人》中，都以生动的笔触，真实地描绘了本已败落，但仍不肯放下架子的诸多"世家子弟"的形象。在他们看来，如果这些架子一旦全不存在，活着还有什么意思！在这里架子实际也就是面子，可见，有些人是把面子看得比生命还重要的，这就是他们的人生道理。

面子当然不能不要，一个一点儿面子也不要的人，恐怕自尊心也不复存在。关键的问题是要搞清怎样做才算不丢面子，什么面子可以丢，什么样的面子应当保。

一句话，出于虚荣的面子应当丢，有关人格的面子需要保，不保住关乎人格的面子何以处世？而保的办法则在于实事求是。事实俱在，曲直分明，面子不保亦在；哗众取宠，装腔作势，面子虽保亦失。不适当地过分看重面子，在中国传统习惯里是颇为严重的，其实，"面子"是中国人心理上的沉重包袱，看似薄薄的情面，其实质则有令人难堪的苦衷。

《墨子·离娄下》中讲了这样一则故事：齐国有一位穷酸先生，娶了一个媳妇，还有一位妾，这位先生祖上也许发达过，可现在不行了，然而他的面子可拉不下来，就是在自己的妻妾面前也忘不了打肿脸充胖子。于是他对她们说，经常有贵客请他赴宴，而且每次回来都装成酒足饭饱的模样。其实，每天他都来到东门外的一个墓地里，跑到上坟人那里去乞讨剩余的祭品。原来他就是这样参加宴会的！而每天他都跑来洋洋自得地在他一妻一妾面前摆出一副不可一世的样子，丝毫也不感觉惭愧。因为在他看来，这样才算有面子，还管什么死要面子活受罪。"面子"有时还是伤害自我的导火索。

　　中国古代的时候，人们把勇敢看成有面子，所以，传说有两位勇士，为了表示勇敢，居然互割对方的肌肉下酒，最后双双送了性命。这种要面子，当然是非常愚蠢的，但是在那个时候，却也司空见惯，并不足怪。

　　在商品经济的社会中，人类社会在不断分化、贫富差距在不断加大，许多人在社会剧变中失去了自我价值的判断，他们的心理遭到极大的扭曲，因此只有借助于虚荣来满足自己的面子和虚荣心。

　　有些人即使债台高筑，也要挥金如土，与他人比吃、比穿、比用、比收入，当官的比轿车、比住房、比待遇、比职级……在操办红白喜事时，讲排场、摆阔气；在住房装修中，比豪华气派；在生活消费中，大手大脚、寅吃卯粮、借贷消费，其目的都是炫耀，让他人将目光聚集在自己身上。虚荣的情绪与他人的反应息息相关，他人反应的变化会使虚荣的情绪迅速相应调整。从小处说，"面子"所带来的虚荣心腐蚀了人的正常心理，破坏了人的健康情绪，成为人们性格中的一个毒瘤。虚荣心会使人变得怪僻而孤独。

　　在中国乡间，邻舍是时常要吵架的，吵架不能没有和事佬，而和事佬最大的任务便是研究出一个脸皮的均势的新局面来，好比欧洲的政治家，遇有国际纠纷的时候，不能不研究出一个权力的均势的新局面来一样。遇到这种案件的时候，和事佬的目的绝不在于公平的解决，使权利义务各有所归，而在于把脸皮向当事的双方分配一下，厚薄多少，各不吃亏。至于公平的处断，虽属有它的好处，但在东方人看来，往往认为是不可能的。

　　既然大家都有面子，所以一定要相互照顾，为了保全脸面，人与人相处就须十分小心了，要善于察言观色，领悟别人的话外之音，而不能过分相信自己的直觉。为了防范小人，以免砸了自己，于是大家逐渐掌握了一套很有应用价值的"会议语言"——在会议或其他公开场合向大家表白的语言，其特点是谦虚、圆滑、空泛。

谦虚的如：我是来学习、取经的；抛砖引玉；难免有错，敬请指教；等等。其作用是避免人家说你自负、骄傲，且可做免战牌之用。

圆滑的如：虽然……但是；一分为二；原则上同意；等等，其作用是避免任何可能的偏颇，把思想锋芒藏起来，叫人抓不到话柄。很多人掌握了这样的习惯：要评上"先进"就只要争取提名，因为在评比会上谁也不愿当面说你不够资格。

所以，哪怕明明是一位差劲的候选人，最终也能获得全部赞成票。当然，事后又免不了一场背地议论，因为人们投了一张违心的赞成票，总要发泄心里的积怨。与其如此，还不如不要讲究虚荣心，实事求是的好。当然，重要的是知道什么情况下应给人留面子，什么情况下要坚持原则。

心灵悄悄话

好习惯千头万绪，"勿以善小而不为"。习惯养成之后，便毫无勉强，临事心平气和，顺理成章。充满良好习惯的生活，才是合于"自然"的生活。

大小之中见智慧

玩小聪明不是真智慧

经常有些人以为自己才智过人，便时不时使点小聪明。因为这个不知吃了多少亏还是乐此不疲，每次耍真情还是津津有味。尽管知道这不是一个好习惯。

罗聪是一家大公司的高级职员，平时工作积极主动，表现很好，待人也热情大方。但有一天，一个小小的动作使他的形象在同事眼中一落千丈。那一次是在会议室里，当时好多人都等着开会，其中一位同事发现地板有些脏，便主动拖起地来。而罗聪身体似乎有些不舒服，一直站在窗台边往楼下看。突然，他走过来，一定要拿过那位同事手中的拖把。本来差不多已拖完了，不再需要他的帮忙。可罗聪却执意要求，那位同事只好把拖把给了他。刚过半分钟，总经理推门而入。罗聪正拿着拖把勤勤恳恳、一丝不苟地拖着地。这一切似乎不言而喻了。从此，大家再看罗聪时，顿觉他很虚伪，以前的良好形象被这一个小动作一扫而光。说来也巧，在参加会议的众多职员中，有一个刚好是总经理的小舅子。结果不用说了，罗聪以后再也没被重用过。

罗聪因为耍"小聪明"而被老板"冷冻"了起来，他为他的"聪明"付出了高昂的代价。其实生活中还有很多罗聪式的人，他们养成了在工作中投机取巧的习惯，认为只要老板在身边的时候表现出色就可以了，老板不在，又何必拼命呢？像这种"聪明人"只能一时得利，他们的"聪明"迟早会害了他们自己。

李勇在学校里是一个很活跃的人，一直被朋友们十分看好。可是让朋友们吃惊的是，都毕业几年了，李勇还是经常跑人才市场。而让朋友们眼前一亮的是上学时默默无闻的孙亮，此时已经成为一家日化用品公司在华北地区的市场总监。

这是怎么回事呢？让我们先看看他们这几年的工作经历。

离开学校后，李勇应聘做了一家宾馆的大堂经理。由于爱耍些"小聪明"，所以刚开始挺受重用。可过不了多久，他的那些"西洋镜"就被一一拆穿，老板马上就将他"冷冻"起来。无奈之下，李勇只好卷铺盖走人。

之后，李勇又进了一家中德合资企业。德国人严谨实干的作风当然又是李勇不能"忍受"的。

李勇后来又在新加坡人、日本人、美国人……的公司工作过。这几年，李勇的老板都可以组成一个"地球村"了，可李勇却还是在职场游荡。

孙亮则不同。大学毕业后他就进了这家日化公司的销售部。之后，他勤奋工作，默默地积累工作经验。他对销售渠道的熟悉程度使上司很是赏识，对公司产品更是了然于胸。他的才干很快得到上司的肯定，当该公司华北地区市场总监的位置空缺后，公司总部就让他顶了上去。

他们的经历真像某位大学生所说的："毕业以后，我们发现了彼此的不同，水底的鱼浮到了水面，水面的鱼沉到了水底。"

其实在我们的周围，有很多人本身具有达到成功的才智，可是每次他们都是与成功失之交臂，于是觉得老天对他不公平，怨天尤人。其实他们有没有认真地检讨过自己呢？总是不愿意踏踏实实地去做好自己的本职工作，总是期望很多，付出很少，内心里不屑于去做他们心中的"一般的小事"，认为他们被大材小用。认为是小事，就开始耍起小聪明，投机取巧，得以蒙混过关。但是他们有没有静下心来想过：他能蒙得过一次、两次，能总是混过去吗？一旦让老板察觉，就会留有极坏的印象，建立一个好的印象需要长期的考察，而坏印象却在一瞬之间。而且坏印象的改变是很难的，犹如一张白纸，整张白纸的白不如上面一个墨点的黑给你留下的印象深。即使老板这一次原谅了你，但是老板以后就可能不再信任你，因为你的人格在他的心目中已经打了一个折扣。

所以，总有人觉得与成功无缘，总是怨天尤人，抱怨老板不识人才，只把一些零碎小事交给他们，不给他们施展才华的机会。其实真正的原因不是老板不把机会给他们，而是他们自己把机会拒之门外。在老板的心中，他以往的投机取巧已经被打上不踏实、不可靠、不能委以重任的印记。在一个公司中，如果再也没有机会从事重要业务，何以谈将来？

一分耕耘，一分收获，踏踏实实地工作才能成就你的事业。投机取巧的习惯对你有百害而无一利，任何一个老板都不可能永远被你的"小聪明"蒙骗住。

大方赢得好印象

哲学家罗素指出："对财产先入为主的观念，比其他事更能阻止人们过自由而高尚的生活。"意思是说，人一定要摒弃吝啬的不良习惯。

过于贪婪的另一种表现是与人交往只索取不奉献。生活中一类人被称作"自私自利的朋友"。这种朋友以我为中心，朋友为我所用，用人时朝前，不用人时退后。别人是他友谊的附庸，他是居高临下的感情施

舍者。这样的朋友在 19 世纪英国著名作家奥斯卡·威德的文学作品中有过描写：

从前，有个忠实的小伙子叫汉斯，他一个人住在一间小屋子里，他非常勤劳，拥有一座在村庄里最美丽的花园。小汉斯有很多的朋友，但其中有一个跟他最要好的朋友，叫大休，是个磨坊主。磨坊主是个很富有的人，他总是自称是小汉斯最忠厚的朋友，因此他每次到小汉斯的花园来时，都以最好的朋友的身份拎走一大篮子各种美丽的鲜花，在水果成熟的季节还拿走许多水果。

磨坊主经常说："真正的朋友就该分享一切。"但他从来没有给过小汉斯什么回赠。

冬天的时候，小汉斯的花园枯萎了。"忠实的"磨坊主朋友却从来没去看望过孤独、寒冷、饥饿的小汉斯。

磨坊主在家里发表他关于友谊的高论："冬天去看小汉斯是不恰当的，人们经受困难的时候心情烦躁，这时候必须让他们拥有一份宁静，去打扰他们是不好的。而春天来的时候就不一样了，小汉斯花园里的花都开放了，我去他那采回一大篮子鲜花，这会让他多么高兴啊。"

磨坊主天真无邪的儿子问他："爸爸，为什么不让小汉斯到咱们家来呢？我会把我的好吃的、好玩的都分给他一半。"

谁想到磨坊主却被儿子的话气坏了，他怒斥这个白白上了学，仍然什么都不懂的孩子。他说："如果小汉斯来到我们家，看到了我们烧得暖烘烘的火炉、我们丰盛的晚饭，以及我们甜美的红葡萄酒，他就会心生妒意，而嫉妒则是友谊的大敌。"

这是一篇童话故事，是讲给孩子们的，然而现实生活中这种虚假友谊也不少见，心眼儿实的人许久都被蒙蔽着。但是他们终究会有识破真相的一天，这种"朋友"最终一定会被人唾弃的！

吝啬者，金钱、财富都不缺，然而其灵魂、其精神却是在日趋贫穷。

吝啬果真能给吝啬者带来愉快吗？不能。其实吝啬者的生活是最不安宁的，他们整天忙着的是挣钱，最担心的是丢钱，唯恐盗贼将他的金钱全部偷走，唯恐一场大火将其财产全部吞噬掉，唯恐自己的亲人将它全部挥霍掉，因而整天提心吊胆，坐立不安，永远不会是愉快的。

吝啬者果真能给人带来幸福吗？不能。因为"小气"，因为狭隘，所以在这类人身上很少体现亲情二字，所以其内心世界是极其孤独的。尤其是当他们有难的时候（比如在病中），他们才会感到缺少感情支持的悲怆，才会感到因为吝啬而失去的东西实在太多了，才会充分感觉到金钱的真正无能。

心灵悄悄话

当一个人生活枯燥的时候，他忘了用心体会是一种习惯。

当一个人觉得人生乏味的时候，他忘了培养幽默是一种习惯。

当一个人体力日差的时候，他忘了运动健身是一种习惯。

当一个人工作疲惫的时候，他忘了认真休息是一种习惯。

犯错了逃避不是办法

承认错误是一个人最大的力量源泉

一个人在前进的途中，难免会出现过错。对一个欲求达到既定目标、走向成功的人来说，正确对待自己过错的态度应当是：过而不文、闻过则喜、知过能改。

人们大都有一个弱点，喜欢为自己辩护、为自己开脱。而实际上，这种文过饰非的态度常会使一个人在人生的航道上越偏越远。过而不文需要一种坚强的纠错意识和宽广的胸怀。

费丁南·华伦，一位商业艺术家，他使用这个方法赢得了一位暴躁易怒的艺术品主顾的好感。

"精确，一丝不苟，是制作商业广告和出版读物的重要内容。"华伦先生事后说。

"有些艺术编辑要求他们所交代下来的任务立即完成。在这种情况下，难免会发生一些小错误。我认识某一位艺术组长，总是喜欢从鸡蛋里挑骨头。我每次离开他的办公室时，总觉得倒胃口，不是因为他的批评，而是因为他攻击我的方法。最近，我交了一件匆忙完成的画稿给他，他打电话给我，要我立即到他的办公室去，说是出了问题。当我到了他的办公室后，正如我所料——麻烦来了。他满怀敌意，很高兴有了挑剔我的机会。他恶意地责备了我一大堆。这正好是我运用所学到的自我批评的机会。因此我说：'先生，如果你的话不错，我的失误一定不可原谅。我为你画稿这么多年，实在该知道怎么画才对。我觉得惭愧。'

"他立刻开始为我辩护起来：'是的，你的话没有错，不过这终究不是一个严重的错误。只是……'

"我打断了他的话。我说：'任何错误要付的代价都可能很大，叫人不舒服。'

"他开始插嘴，但我不让他插嘴。我很满意，有生之年第一次批评自己——我好高兴这样做。

"'我应该更小心一点才好，'我继续说，'你给我的工作很多，照理应该使你满意，因此，我打算重新再来。'

"'不！不！'他反对起来，'我不想那样麻烦你。'他开始赞扬我的作品，告诉我只要稍微改动一点就行了，又说，一点小错不会多花他公司多少钱，毕竟，这只是小节——不值得担心。

"我急切地批评自己，使他怒气全消了。结果，他还邀我同进午餐，分手之前，他开给我一张支票，又交代我另一件工作。"

即使傻瓜也会为自己的错误辩护——大部分的傻瓜都会那么做——但能承认自己错误的人，却会得到别人的谅解，并给人以谦恭有礼的感觉。比如说，历史上对南北战争时的李将军有一段极美好的记载，就是他把毕克德进攻盖茨堡的失败完全归咎于自己。

毕克德的那次进攻，无疑是西方世界最显赫最辉煌的一场战斗。毕克德本身就很辉煌。他长发披肩，而且跟拿破仑在意大利战役一样，他几乎每天都在战场上写情书。在那悲剧性的7日午后，当他的军帽斜戴在右耳上方，轻盈地放马冲刺北军时，他那支忠诚的部队不禁为他喝彩起来。他们喝彩着，跟随着他向前冲刺。队伍浩荡，军旗翻飞，军刀闪

耀，阵容威武，北军也不禁发出了惊讶的赞叹。

毕克德的队伍轻松地向前冲锋，穿过果园和玉米地，踏过花草，翻过小山。同时，北军的大炮也一直没有停止轰击，但他们继续挺进，毫不退缩。

突然，北军步兵从隐伏的墓地山脊后冲出来，对着毕克德那毫无提防的军队，一阵又一阵地开枪。山间硝烟四起，惨烈有如屠场。几分钟之内，毕克德所有的旅长，除了一名之外，全部阵亡，5000 名士兵折损五分之四。

阿姆斯德统率余部奔上石墙，拼死冲杀，把军帽顶在指挥刀上指挥，高喊：“兄弟们！宰了他们！”

他们拼了。他们跳过石墙，用枪把、刺刀拼死肉搏，终于把南军军旗竖立在墓地山脊的北方阵线上。

军旗只在那里飘扬了一会儿。虽然那只是短暂的一瞬，却是南军战功的辉煌纪录。

毕克德的冲刺——虽然勇猛、光荣——却是失败的开始。李将军失败了。他没有办法突破北方。

南方的命运决定了。

李将军震惊不已，大感懊丧，他将辞呈送上南方的戴维斯总统，请求改派一个年轻有为之士。如果李将军要把毕克德的进攻所造成的惨败归咎于别人，那他可找出数十个借口。但是，李将军太伟大了，他不愿迁怒别人。当毕克德的残兵从前线退回南方战线时，李将军只身骑马出迎，自我谴责起来。“这是我的过错，”他承认说，“我，我一个人，败了这场战斗。”

历史上很少有将军有这种勇气和情操。

艾柏·赫巴是曾闹得满城风雨的最具独特人格的作家之一，他那尖酸的笔触经常惹起强烈的不满。但是赫巴以少见的为人处世的技巧，常常化敌为友。

当一些愤怒的读者写信给他，表示对他的某些文章不以为然，结尾又痛骂他一顿时，赫巴就如此回答——

"回想起来，我也不尽然同意自己。我昨天写的东西，今天不见得全部满意。我很高兴你对这件事的看法。下次你来附近时，欢迎驾临，我们可以交换意见。遥祝敬意。赫巴谨上！"

面对一个这样对待你的人，你还能怎么说呢？

当我们对的时候，我们就要试着温和地、巧妙地使对方同意我们的看法；而当我们错了——若是我们对自己诚实，就要迅速而坦率地承认。这种技巧不但能产生惊人的效果，而且在任何情形下，都要比为自己争辩还有用得多。你信不信呢？

当我们犯错误的时候，脑子里往往会出现想隐瞒自己错误的想法，害怕承认之后会很没面子。其实，承认错误并不是什么丢脸的事。承认错误是一个人最大的力量源泉。正视错误，你会得到错误以外的东西。谁都难免会犯一些错误。

善于从错误中学习

错误是有教育意义的，人们可以从错误中学习。有时，一个小小的错误就可以警告人们避免犯大的错误。

通常，孩子在犯了错时，心里总是不知所措，盘算着是否把事实隐瞒。其实，犯错也是长经验，勇于承认，是鞭策自己的方法之一。

像美国总统罗斯福这样伟大的人物，也从来不怕承认自己所犯的错误。他还在纽约警备团第 18 中队当队长的时候，就显出了这种高贵的品性。

曾经和他在同一个队里待过的一个中尉说："当罗斯福带队练操的时候，他常常会在中途这样喊一声：'停一下！'"

"他边喊，边从裤袋里拿出一本教练手册来，当着全队所有人的

面，翻到某一页，找出他所要找的内容来，认真读一遍，然后对我们说：'刚才我做错了一点，本来应当是这样做的。'像他这样极端诚恳的人实在不多。有时候，对他的这种行为我们常常忍不住笑出声来。"

在罗斯福当纽约市市长的时候，在一次更为严重的情形中，他也显示出了这种特性。经过他提议和努力的一个议案在国会通过之后，他发现自己的判断错了，于是他勇敢而主动地承认了自己的失误。

"我感到很惭愧，"他当着国会议员的面承认说，"当我极力赞成这项议案的时候，我当初确实是有一点隐衷的，我不应当这样做。而我之所以会这样，部分原因是我的报答之心，部分是依从纽约人民的意愿。"

从这里我们可以看出，寻找托词为自己开脱，并不是罗斯福的习惯。相反，他能直率地承认自己的错误，并尽量去纠正它。

本杰明·富兰克林是美国历史上最能干、最杰出的外交官之一。

当富兰克林还是毛躁的年轻人时，一位教友会的老朋友把他叫到一旁对他批评道："你真是无可救药，你已经打击了每一位和你意见不同的人。你的意见变得太尖刻了，使得没人承受得起。你的朋友发觉，如果你不在场，他们会自在得多。你知道得太多了，没有人能再教你什么。"他指出了富兰克林刻薄、难以容人的个性。后来，富兰克林渐渐地改正了他的这一缺点，变得成熟、明智，一改以前傲慢、粗野的习性。

后来，富兰克林说："我立下规矩，绝不正面反对别人的意见，也不准自己太武断。我甚至不准自己在文字或语言上措辞太自主。我不说'当然''无疑'等，而改用'我想''我觉得'或'我想象'一件事该这样或那样。"这种方式使他渐渐成为事业的强者。

由此可见，那些不肯承认自己做过错事的人，以后会继续犯这种错误。而最终的结果是当他颓丧地坐下来，只能哀叹自己的悲惨命运。

芝加哥的医学专家玛威尔逊说："我宁愿让一个人犯错误，而不喜欢他为自己的错误找托词来回避责任，只要他第二次不犯同样的错误。

托词是一种危险的东西，容易使人养成很坏的习惯。一个从不找托词逃避责任的人，虽然工作不一定做得很好，但他总会尽力往好的方面去做。"

然而，生活中不找托词的人实在少之又少。能够勇于承认错误的人也少之又少。

心灵悄悄话

当一个人孤傲狂放的时候，他忘了感恩惜福是一种习惯。

当一个人志得意满的时候，他忘了谦卑为怀是一种习惯。

当一个人钱不够用的时候，他忘了投资理财是一种习惯。

当一个人觉得工作低迷的时候，他忘了激励自己是一种习惯。

第四篇

习惯是一种态度

习惯在不知不觉中，经年累月影响着我们的品德，暴露出我们的本性，左右着我们的成败。

我们的态度决定了我们的未来。一个人能否成功，取决于他的态度！其实，习惯就是一种态度，习惯改变，你的态度跟着改变；态度改变，你的性格跟着改变；性格改变，你的人生跟着改变。

换位思考让你人缘更广

多为别人着想

与人相处，要想着别人，不能只顾自己。多为别人着想，是一种换位思考，不仅能使你不再为自己忧虑、善待自己也能帮助你结交很多的朋友，并得到很多的乐趣。

美国密苏里州春田镇的波顿先生讲述的《我如何快乐起来》的故事曾感动了许多人。他这样写道：

"我9岁的时候失去了母亲，12岁的时候失去了父亲。我母亲在19年前的某一天离开了家，从此我就再也没有见过她。以后我也没有见过她带走的我的两个小妹妹。她一直到离开家七年之后，才写信给我。我父亲在母亲离家三年之后死于一场车祸。他和一个合伙人在密苏里的一个小镇买下了一间咖啡店，合伙人趁他出差的时候把咖啡店卖了，得了现款之后潜逃。一个朋友打电报给父亲，叫他赶快回家，在匆忙中，父亲在堪萨斯州沙林那城因车祸丧生。我的两个姑姑，她们又穷又老又病，把我们五个孩子中的三个带到她们家里去了。没有人要我和小弟弟，我们只好靠镇上的人来帮忙。我们被人家叫作孤儿，或者被人家当作孤儿来看待，但我们所担心的事情很快发生了。

"我和一个很穷的人家在镇上住了一阵子，可是日子很难过，那家的男主人失了业，所以他们没有办法再养我。后来罗福亭先生和他的太太收留了我，让我住在他们离镇子11英里的农庄里。罗福亭先生70岁，他告诉我说，'只要我不说谎，不偷东西，能听话做事'，我就能一直住在那里。这三个要求变成了我的圣经，我完全遵照它们生活。

"我开始上学，其他的孩子都来找我的麻烦，拿我的大鼻子取笑，说我是个笨蛋，还说我是个'小臭孤儿'。我伤心得想去打他们，可是收容我的那位农夫罗福亭先生对我说：'永远记住，能走开不打架的人，要比留下来打架的人伟大得多。'我一直没有和人打过架。最后有一天，有个小孩在学校的院子里抓起一把鸡屎，丢在我的脸上，我把那小子痛揍了一顿，结果交上了好几个朋友，他们说那家伙活该。

"我对罗福亭太太给我买的一顶新帽子感到非常得意。有一天，有个大女孩子把我的帽子扯了下来，在里面装满了水，把帽子弄坏了。她说她之所以把水放在里面，是要'那些水能够弄湿我的大脑袋，让我那玉米花似的脑筋不要乱爆。'我在学校里从来没有哭过，可是我常常在回家之后号啕大哭。这一天，罗福亭太太给了我一些忠告，使我消除了所有的烦恼和忧虑，而且把我的敌人都变成了朋友。她说：'罗夫，要是你肯对他们表示兴趣，而且注意能够为他们做些什么的话，他们就不会再来逗你，或叫你小臭孤儿了。'我接受了她的忠告，我要用功读书。不久后我就成为班上的第一名，却从来没有人炉忌我，因为我总在尽力帮助别人。我帮好几个男同学写作文，写很完整的报告。有个孩子不好意思让他的父母亲知道我在帮他的忙，所以常常告诉他母亲说，他要去抓袋鼠，然后就到罗福亭先生的农场里来，把他的狗关在谷仓里，然后让我教他读书。死神侵袭到我们的附近，两个年纪很大的农夫都死了，还有另一位老太太的丈夫也死了。在这四家人中我是唯一的男性，我帮助那些寡妇们过了两年。在我上下学的路上，我都到她们的农庄去，替她们砍柴、挤牛奶，替她们的家畜喂饲料和水。现在大家都很喜欢我，而不再骂我，每个人都把我当作朋友。当我从海军退伍回来的时

候，他们向我表露出对我的真正感情。我到家的第一天，有两百多个农夫来看我，有人甚至从 80 英里外开车过来。他们对我的关怀非常真诚，因为我一直很忙也很高兴地试着去帮助其他的人，所以我没有什么忧虑，而且十三年来再也没有人叫我'小臭孤儿'了。"

不管你的处境多么平凡，你每天都会碰到一些人，你对他们将怎样呢？你是否只是望一望他们？还是会试着去了解他们的生活？比方说一位邮差，他每年要走几百里的路，把信送到你的家门口，可是你有没有费心去问问他住在哪里？或者看一看他太太和他孩子的照片呢？你有没有问过他的脚会不会酸？他的工作会不会让他觉得很烦呢？或者杂货店里送货的孩子，卖报的人，在街角上为你擦鞋的那个人。这些人都是人——都有他们的烦恼、他们的梦想和个人的野心，他们也渴望有机会跟其他的人来共享，可是你有没有给他们这种机会呢？你有没有对他们的生活流露出一分兴趣呢？你不一定要做南丁·格尔，或是一个社会改革者，你可以从明天早上开始，从你所碰到的那些人做起。

这对你有什么好处？这会带给你更大的快乐、更多的满足以及你自己心中的满意。亚里士多德称这种态度为"有益于人的自私"。为别人做好事不是一种责任，而是一种快乐，因为这能增加你自己的健康和快乐。纽约心理治疗中心的负责人亨利·林克说："现代心理学上最重要的发现就是：必须要有自我牺牲或者是约束，才能达到自我了解与快乐。"这说明一个通俗却又浅显的道理：你为别人着想，别人也为你着想，这是一种简单而快乐的"回报效应"。

自私等于自死

有些人发现，自己总与别人处不来。什么原因呢？是因为他做事总是只顾自己。原来自私是很讨人嫌的。

学广告设计的张应娜，毕业后进入一家 3A 广告公司工作，她非常满意自己的工作。但渐渐地，张应娜的老板和同事对她却越来越不满意了。她的同事抱怨说，张应娜做事太奇怪，只顾自己，不管别人。公司在冰箱里给大家准备了加班时的夜宵，每份食品都是固定搭配，虽然没有人规定，但大家都自觉地整份食用，但张应娜却不管这些，她总是把各份食品里自己喜欢的挑出来吃。同事曾经指责过她一次，但她却说："我管什么规则不规则，我只能先照顾好自己再说。"还有，有时候几个人都要用一份公共材料，张应娜却不管别人急不急，自己先抢过来再说……

后来，又发生了一件事，让老板也开始讨厌起她来。有一次，她为了搞设计，从网上找了很多资料，但她为了图方便就直接从网上引用，没有做标记，也没有下载。等到开会时，老板向她要那些资料，她就让文员按照一条条再去网上找。老板大吃一惊，责问她说："你当时为什么不直接下载下来？"张应娜振振有词地回答说："那多麻烦！我也赶时间呀！再说咱们公司不是有文员吗？慢慢找吧，反正这就是她们的工作！"老板当时被她气得简直说不出话来，他有那么多员工，但还从来没见过这样只顾自己的。张应娜的这个习惯一直没改，后来又出了几次这样的事，尽管她的设计做得不错，但最终老板还是让她走人了。

其实，像张应娜这样的人，走到哪里都不会有人接纳她。因为她习惯只顾着自己，以己为先，为了一己之利，为了个人的方便，就不顾别人，以这样的方法来待人处世，在任何地方都是行不通的。

一个中国女孩去美国加州州立大学留学，在那里，她很快交上了一个朋友丽莎：有一天，中国女孩在大学里散步正巧碰上丽莎站在广告栏前发呆，她走过去一问才知道，原来学生会交给她一项任务，在校园里醒目的位置张贴几十张"文化节"海报。学校的标志性的公共场所都

有广告栏，所以丽莎很快就贴得七七八八。当她再回到学生会，准备贴最后一批海报时，她发现广告栏已经贴满了。怎么办？

中国女孩不禁脱口而出："广告栏里有几条东西早过时了，贴上去没什么问题。"丽莎回答："我不确定。"女孩心想，这姑娘真笨，连上星期的活动都记不住。再说，有些学生卖车租房交友信息，到处的广告栏都有贴，将其覆盖一二又有何妨？跟她一建议，回答更绝："他们会投诉的。"

这下中国女孩不管了，就找了份报纸坐到旁边去看。只见丽莎上到 union 的露天中厅里在四周的木柱子上比画着。个别学生会在那上边贴或钉东西，但很不雅观，柱子也被弄得不干净。她暗想，你不也得这么干吗？是不是这样就没人投诉？丽莎比画了一会儿就走开了。她到底想怎么办？好奇的中国女孩决定看下去。

丽莎回来了，拿了很多新东西。她先用彩色的塑料布将一根根木柱包起来，用透明胶封好口，然后再在塑料布一面贴上海报，她干得一丝不苟。不一会儿，10 根柱子都弄好了，一派鲜活生动又整整齐齐，既利用了空间又保持了清洁，看起来很有艺术效果，将来取下来也非常方便。

这个中国女孩被丽莎的"作品"震动了。她既没有用"学生会"的名义"覆盖"掉个别学生的"私有空间"，也没有随随便便去占用公共空间，她不是只想着自己怎么方便，而是在解决自己的问题时也在为别人着想。

而在中国，很多人却缺少这种素养，他们习惯事事以己为先，不顾别人，结果引发了很多社会问题。

在某栋居民楼里，汪姓人家和赵姓人家是邻居，汪家是老住户，赵家是两个月前刚搬来的。虽然仅仅做了两个月的邻居，但两家却至少吵了 10 次，都是为了一些鸡毛蒜皮的小事，赵家说汪家把自行车和破木柜都堆在狭窄的楼道里，妨碍了他们的进出；汪家就说赵家从来不打扫走廊，自私自利。其实两家都有问题，他们都习惯于把自己的利益、自己的方便置于社会公德之上，以前与汪家为邻的是一对老年夫妻，两个老人宽厚，吃点亏也不计较，因此两家相处得还算好，但现在换了同样脾性的赵家，两家就难免发生矛盾了。

过了不久，一场大的冲突终于爆发了：赵家的媳妇出门时手里拿了个香蕉吃，但不小心却掉在了门口的地上，她懒得捡起来丢进垃圾筒，就一脚踢到走廊里去了，结果汪家的儿子踢球回来，一不小心踩到了香蕉皮上，额角撞到了自家的柜子上，顿时血流如注，送到医院缝了五针。汪家大骂赵家缺德，乱丢垃圾，赵家说活该，谁让他们在走廊里堆东西……越吵越凶，最后两家大打出手，锅、铲、扫帚满天飞，结果，六个人因此受伤，汪家的老太太还被气得犯了心脏病，两家为此又打了一场官司。

这场悲剧的罪魁祸首，就是两家人都有只顾着自己，以己为先的习惯。如果他们都能有点公德心，多为别人着想一下，也就不会出现后来的情况了。

生活中，我们千万不能养成只顾自己，以己为先的习惯。只有处处为别人着想，我们的生活才会更加和谐与美好！

✿ 心灵悄悄话 ✳

当一个人怀疑自己的时候，他忘了建立自信是一种习惯。

当一个人忽略家人的时候，他忘了爱与关怀是一种习惯。

当一个人浑噩度日的时候，他忘了阅读好书是一种习惯。

当一个人忙于工作的时候，他忘了安排休闲是一种习惯。

优缺点并存于每个人

人人需要赞赏和肯定

　　每个人都有自己的优点和缺点。但我们有些人看待他人时，往往总是盯着他人的缺点和不足之处，而看不到他人的优点，他们不愿称赞对方，不会夸奖他人，因而也得不到他人的赞赏。其实，即使那些历史上的伟人，他们也深知真诚地赞赏他人。

　　要与他人进行友好的协作，就要善于肯定他人的成绩。日常生活中，我们全都力图获得对于我们有重要意义的人的赞扬和嘉许，而那些人也需要我们的关注，像我们一样希望得到赞扬。

　　我们大多数人都很注意别人做出的使我们恼火的行为，这种注意恰恰是支持鼓励了那些行为。认识到这一点，便能够消除怒气。

　　指责和抱怨如同微笑和赞许一样，都是给予关心注意的形式，也都具有对于行为产生影响的力量。尽管人们都说只需要爱和温情，当没有指望得到积极的鼓励时，人们就会寻求任何一种可能得到的关注，甚至是体罚形式的关注。

　　有人曾做过这样的实验，实验的对象都被外界完全隔绝，各自躺在一个像棺材一样的小房间里，每隔一段时间询问他们在想什么、有什么愿望。起初，他们都回答说觉得挺舒服；有人说，让他休息睡觉很满意；还有些人产生了有关食物、趣事和性的愉快幻想。

但是，随着时间的延长，这些人越来越抱怨身体不舒适，感到孤独寂寞，最后，在实验快要结束的时候，每一个实验对象都说脑子里集中在想的是希望得到任何一种刺激。许多人说非常渴望身体接触什么东西或者引起某种形式的注意，甚至愿意有人来推他一下或者打他一顿。

有一个肥胖的妇女，抱怨她的丈夫总是往家里买甜点，可是她不知道，只有在她的丈夫给她买来甜食的时候，她才能对他露出笑容。她是在无意之中支持鼓励她的丈夫帮她发胖。

你现在是不是感到内疚，是不是心里这样想："我总是帮倒忙。我的孩子有了错处，我一骂就是几个小时；可是他们乖的时候，我却不理他们，跟朋友打电话聊天。我想，这就是向消极方面的鼓励支持。所以，我现在承认自己是破坏者！准是因为我不停地责骂教训他们，他们才过一会儿就做一些讨厌的事情。不过我只是想要帮助他们，想要教给他们怎样做才正确。可我做梦也想不到，这样会助长他们的过错！"

我们绝大多数人都是想要做正确有益的事情，但是往往容易把人与人之间本来应该起有益作用的信息交流搞颠倒了。

我们的意图总是好的，然而，我们的行为却并非如此！

在别人使我们感到高兴或者碰到我们所喜欢的事时，我们很少有人当时就表示鼓励支持。我们一般总有很多理由："我不需要说任何话。他们什么时候都知道我是多么喜欢和感激他们。我用不着表示得太过分。"

然而，他们并不知道，你一定要告诉他们。由于你不肯给他们回报，你所喜欢的那些行为可能永远不再出现了。你无论怎样鼓励也不会太过分。

不管什么时候，只要你发现自己和别人交流搞得不好，干坏了一件工作，或者出了一个差错，这时你正应该尊重你自己已经作出的努力和尝试。要相信自己的诚意和好处。你已经习惯于对自己阻挠破坏，尽管整个过程都是不自觉的。现在，你能够有意识地学会停止对自己阻挠破

坏了。责骂自己也会起一种注意的作用，这种注意会使你那些不健康的行为方式更加发展。

查理·夏布是全美少数年收入超过百万美元的商人。1921 年，安德鲁·卡耐基慧眼独具，提名夏布为新成立的"美国钢铁公司"第一任总裁，那时夏布才 38 岁。

为什么安德鲁·卡耐基每年要花 100 万美元聘请夏布先生呢？这几乎等于每天支付 3000 多美元。难道夏布先生确实是个了不起的天才？还是夏布先生对钢铁生产比别人懂得多？都不是。夏布先生亲自告诉我，在他手下工作的许多人对钢铁制造其实都懂得比他多。

夏布说他之所以获得高薪，主要是因为他善于处理人事，管理人事。我问他是如何做到这一点的，他跟我讲了下面这段话。

"我想，我天生具有引发人们热情的能力。促使人将自身能力发展到极限的最好办法，就是赞赏和鼓励。

"来自长辈或上司的批评，最容易丧失一个人的志气。我从不批评他人，我相信奖励是使人工作的原动力。所以，我喜欢赞美而讨厌吹毛求疵。如果说我喜欢什么，那就是真诚、慷慨地赞美他人。"

这就是夏布成功的秘诀。

在人际交往里我们所接触的是人，他们都渴望被人赞赏。给他人以欢乐，这是合情合理的一种美德。

贬损他人你也抬高不了自己

俗话说："矮子乐于贬损他人，拔高自己。"这道出了人的一个劣根性，也告诫人们：不要贬损他人，不管你是有意还是无心。

李先生自我感觉良好，然而在单位人缘不好。因此他经常抱怨世态炎凉，责怪同事寡情。是真的世态炎凉、同事寡情吗？非也！原来是李先生自命不凡，每逢单位开会、年终考评，他都喋喋不休地贬损他人，以显示自己"崇高的理想""卓越的才能""非凡的业绩"。因此，同事们都觉得李先生太过分，太不像话了。于是大家都不买他的账，他陷入了孤家寡人的境地。显然，李先生人缘不好，其原因在于贬低他人，抬高自己。纵观现实社会，像李先生这种人为数不少。

1. 贬损他人、抬高自己的种种表现

捏造事实贬损他人。有些人为了抬高自己、贬损他人竟达到了捏造事实的地步。尽管他所说的事实的指责，受害人有口难辩，无可奈何。例如，唐某与李某同去某地出差，采购一种紧缺物资。他们到某地时，当地已无货供应，必须再等一个月才有货，于是唐某与李某空手而归。可是在向领导汇报时，李某竟对领导说："年轻人就是贪睡，那天早晨如果小唐早点起来，我们可能就买到货了。"唐某说："本来就没有货了啊，这与起早起迟有什么联系呢？"领导连忙批评唐某说："老李说得对啊！你应该接受，以后改正啊！"唐某听了领导的批评只有无可奈何地叹气，还有什么可辩解的呢？不过从此以后，唐某对李某敬而远之了。领导再派他与李某出差，他都借故推辞。

夸大事实贬损他人。有些人为了达到贬损他人的目的，将针眼大的事情说得比箩筐还大。某科研单位赵某应朋友之邀，给朋友帮了两次忙，解决了一些技术上的问题。不巧让本单位的黄某知道了。于是在一次会议上，黄某说："赵某受了金钱的诱惑，不好好做本职工作，竟去从事第二职业，这种做法是缺乏事业心和敬业精神的表现。"赵某仅仅帮了朋友两次忙，黄某竟夸大成"从事第二职业"，并给戴上"受了金钱诱惑"的大帽子。由此看来，黄某的境界多"高"啊！敢于批评坏人坏事，并且具有强烈的事业心和敬业精神。黄某的"思想"在贬损同事中得到"升华"。

通过自己与他人的对比贬损他人，抬高自己。一次某省高教局成人教育处组织政治经济学统考。哲学老师田某从高教局同学处获得了这一信息，于是回校对任政治经济学课的许某说："你们政治经济学统考，

你知道这个消息吗?"许某说:"我现在还没有接到这一通知。"在年终考评会上,田某说:"许某教政治经济学对统考一点也不关心,统考消息还是我告诉他的,我比他还着急,许某太没责任感了。"这样一比,他似乎成了一个责任感极强的人,而别人倒是一点责任感都没有了。

含沙射影贬低他人,抬高自己。舒某与兰某同在一个科研所工作,舒某勤于笔耕,一年之中竟发表了 20 篇论文,而兰某仅发表了一篇论文。兰某心中很不服气,因而在年终考评会上自我批评说:"我今年文章只写了一篇,但质量是很高的,决不像那些写得多的粗制滥造的文章。"显然兰某这是在含沙射影地贬低舒某。

2. 贬损他人、抬高自己的危害

为什么有些人会不择手段地贬损他人、抬高自己呢?其原因显然是出自一种虚荣的心理和不服气的心理。有些人为了充分地显示自己的高明和非凡的价值,因此往往喜欢找参照物,自以为通过贬损他人,自己的高明和非凡的价值就充分地表现出来了。另外,有些人对于别人强过自己,心理极不平衡,于是通过贬损别人,说明别人并不强于自己,从而在心理上得到一种阿 Q 式的平衡。然而不管贬损他人、抬高自己,出于何种心理,都是一种缺乏道德的行为。这种行为的危害概括起来有如下几点:

(1)导致个人主义恶性膨胀和自我消沉;

(2)影响团结,破坏和谐的人际关系;

(3)制造矛盾;

(4)引发民事官司。

3. 怎样对待贬损他人、抬高自己的人

贬损他人、抬高自己的人确实十分令人讨厌。因此对待这种人决不可姑息,应该设法纠正他们这种缺乏道德的行为,创造一个愉快的工作和学习环境。

当面澄清事实,使其认识自己行为的错误性。对于捏造事实贬损他人的人,受害人应该敢于澄清事实。澄清事实不需要争辩。在心平气和

的心境下将事实原原本本地陈述于众，并且列举证据证明事实真相，使捏造事实者在证据面前无法交代，从而唤醒他们的良知，在铁证面前幡然悔悟。

直率地提出批评，指出错误的实质。对于一贯贬损他人、抬高自己的人在年终考评中大家都应直率地对其提出批评，并分析其行为的实质，使其改变不良行为。

对一贯捏造事实贬损他人者诉诸法律。因为一贯捏造事实贬损他人侵犯了他人的人身权利，对他人的身心造成了损害，因此受害人应该诉诸法律，让其受到法律的惩罚，从而收敛这种不良行为。

总之，贬损他人、抬高自己是一种缺乏道德、缺乏修养的行为，具有较大的危害性。有这种行为的人非但不能把自己抬高，而且迟早会摔个粉碎。

心灵悄悄话

当一个人目中无人的时候，他忘了不断学习是一种习惯。

当一个人服务不佳的时候，他忘了让顾客满意是一种习惯。

当一个人慌张失措的时候，他忘了万全准备是一种习惯。

当一个人推诿责任的时候，他忘了勇于承担是一种习惯。

合群友善才是王道

广交朋友是一种好的习惯

古今中外的政商名流，莫不精于与人交往，与其说他们是靠自己卓越的能力与智力获得成功，不如说他们极其老练、极其高明地运用了与人交往的技巧。

人都有与他人相处的欲望，每个人天生的条件都相当，与人相处的能力也相差无几，就看你如何运用了。想想别人能运用得天衣无缝，事事告捷，你应该也能。

所以，孩子一定要养成合群友善的好习惯。

星期六上午，一个小孩在他的玩具沙箱里玩耍。沙箱里有他的一些玩具小汽车、敞篷货车、塑料水桶和一把亮闪闪的塑料铲子。在松软的沙堆上修筑公路和隧道时，他在沙箱的中部发现了一块巨大的岩石。

小家伙开始挖掘岩石周围的沙子，企图把它从泥沙中弄出去。他是个很小的小孩子，而岩石却相当巨大。手脚并用，似乎没有费太大的力气，岩石便被他弄到了沙箱的边缘。不过，这时他才发现，他无法把岩石向上滚动、翻过沙箱边墙。

小孩下定决心，手推、肩挤、左摇右晃，一次又一次地向岩石发起冲击，可是，每当他刚刚觉得取得了一些进展的时候，岩石便滑脱了，重新掉进沙箱。

小孩气得哼哼直叫，拼出吃奶的力气猛推猛挤。但是，他得到的唯一回报便是岩石再次滚落回来，砸伤了他的手指。

最后，他伤心地哭了起来。在这整个过程中，孩子的父亲从起居室的窗户里看得一清二楚。当泪珠滚过孩子的脸庞时，父亲来到了跟前。

父亲的话温和而坚定："儿子，你为什么不用上所有的力量呢？"

垂头丧气的小孩子抽泣道："但是我已经用尽全力了，爸爸，我已经尽力了！我用尽了我所有的力量！"

"不对，儿子，"父亲亲切地纠正道，"你并没有用尽你所有的力量。你没有请求我的帮助。"

父亲弯下腰，抱起岩石，将岩石搬出了沙箱。随后说，人互有短长，你解决不了的问题，要善于借助别人的力量，比如你的朋友或亲人，他们也是你的资源和力量。

这位父亲的话，说明要想成就一番大事业，单靠自己一方面的力量是不够的，在力量不够强大时，就要善于借助他人的力量。没有一个人可以不依靠别人而独立生活，我们生活的社会是一个需要互相扶持的社会，先主动伸出友谊的手，你会发现原来四周有这么多的朋友。

俗语说得好："一个篱笆三个桩，一个好汉三个帮。"现代社会，即使你才华出众、超凡脱俗，也不太可能孤军奋战，成为孤胆英雄。在生命的道路上所有的人都需要和朋友互相扶持，一起共同成长。

人生一世，白云悠游，飘走的是多少沧桑与眼泪；岁月苦短，沉淀的又是多少往事与回忆。人生会遇到很多的沟沟坎坎，会遇到许多的挫折与打击，孤独无助时真心期望有人来帮一把。然而在人生旅途上，有许许多多的过客在我们生命的驿站匆匆而过，不作任何停留，也没有带走一丝云彩，只有那些命里注定的人才会在我们身边停下，与我们相识、相知、相惜，与我们成为朋友，共同搏击人生长河里的激浪。

"**朋友一生一起走，那些日子不再有。**"是啊，伤心的时候，朋友会劝慰你，会为你落泪；快乐的时候，朋友会祝福你，会为你歌唱。

真正的知己，他愿和你一起分享喜、怒、哀、乐，和你一起品尝人生中的酸、甜、苦、辣，为你奏一曲优美的乐曲，充满着关心，充满着祝愿，流露着一份使人无法相比的真情实感。它比亲情更加容易接近，比爱情更加容易抓住。

也许"朋友"二字对于英雄只是一种精神上的寄托，在经历了人间太多的挫折和磨难后，他们的心中早已看淡了许多身外之物。荣誉、金钱都不过是过眼云烟，只有内心深处的那一丝真情在提醒着自己：这个世界充斥着太多的人情冷暖世态炎凉，但还有朋友在身边鼓舞着自己，激励着自己，那种感动只有亲身体会过的人才会真正懂得。

那种情感是真正的友谊，会永远伴随着你，抹也抹不去。它会把你心中的空虚充实；它会使你不再为今天的烦恼而忧愁。

真正的朋友，他会鼓励你前面的道路还很宽敞，坚持走下去。真正的朋友，他会告诉你，抬起头，你的明天依旧灿烂。面对着流星，许个愿，你会领悟到那份情是你生命中最真挚、最美好的事物。所以，亲爱的朋友们，请珍惜身边的每一份友情。

要让自己成为交友满天下的人，首先就是要让自己成为一个值得结交的朋友，其次是留意对待朋友的基本态度，你希望别人怎么待你，你就要怎么待人。简单地说，就是待人以诚，这两套公式是走到哪里都行得通的。

朋友的好处是诉说不尽的，例如，有某位朋友到他国去旅行，却在国外遇到麻烦事，幸好碰到当地的人帮助，一聊之下，原来这个人正好是某位朋友常提及得非常要好的朋友。这种事经常也会发生，天下虽大，只要你的朋友够多，无论到哪里都不会遇上走投无路的危机。

将羞涩态度收起来，抱持一颗开放的胸襟，让朋友从四面八方而来，再用诚意的心将朋友的心牢牢结合起来，即使你的事业没有想象中的顺利，也不是毫无所获，因为你应该知道，人生的旅途中朋友是最大的财产。

孩子在拓展人际关系的议题上，面临的考验不外乎"知己"与"知彼"两种，说起来轻松做起来难。不是只有在踏入社会以后，才会发现要交朋友，交朋友也不是简单的一加一等于二的问题，其复杂的程度，有时候甚至解不开高等数学，所谓"做事容易做人难"的道理就在于此。有的新新人类灰心得宁愿与电脑做朋友，也不愿和人打交道，但是只要活在人的社会里，就要面对人际关系的问题。

其实，换个角度来看，朋友就像一本书，可以开阔视野，等你阅人无数之后，自然能够累积识人的资历。除此之外，还可以从中认识自我，得到自我成长的契机。

没有比友谊更贵重的礼物。在充满爱、耐心和温和的指教下，父母能使孩子们学会交友的方法。

对人要友善随和

在生活中，某些人的人缘特别好，会吸引朋友，讨人喜欢，即使是第一次与人交往，也很快会赢得大家的认同。这到底有什么秘诀？

"因为他具有特别的亲和力，把人吸引到自己身边了！"这真是一语而言中。

也有这样一种人，也许他是我们当中最优秀的，但是我们不见得会愿意与他深交。如果要问理由，那只有一个：和他在一起觉得不自在。因为他所散发出来的优秀气势，让我们感到某种距离，感到某种压抑，感到自卑。不管这个人如何杰出，作为朋友，人们会对他敬而远之。

下面列举的四种方法，能提高一个人的吸引力、亲和力，让人获得好人缘。

1. 容纳是人际关系的润滑剂

每个人都希望自己完完全全地被接受，希望能够轻轻松松地与人相处。

在一般情况下，和人相处时，很少有人敢于完完全全地暴露自己的一切。所以，若是能让人轻松自在、毫无拘束，人们是极愿和他在一起的，也就是说，我们希望和能够接受我们的人在一起。

专门找人家错处或吹毛求疵的人，一定不是个好亲近的人。请不要设定标准叫别人的行动合乎自己的准则，请给对方一个自我的权利，即使对方有某些过分也无妨。

别要求对方完全符合自己的喜好，以及行动完全符合自己的要求，要让你身旁的人轻松自在。

能接受任性、残暴的人往往具有带动他人向上的最大力量。有一个原本脾气暴躁、动作粗鲁的人，在不知不觉中却变成了一个和善、有礼貌的人，问他原因，他回答说："我的太太信赖我。她从不责备我，只是一味地相信我，使我不好意思不改变。"

心理学家说："要改变一个任性或残暴的人，除了对他表示好意，让他自己改变之外，再也没有其他更好的方法了。"

很多优秀的人，往往能影响本质善良的人，使他们更好。但是对于任性、残暴的人，他们往往束手无策。为什么呢？因为优秀的那群人根本不能接受粗暴的人，甚至于避之如蛇蝎，在感情上并不相通。

一位有名的精神科医生在谈到人际关系中的容纳问题时认为："如果大家都有容纳的雅量，那我们就失业了！精神病治疗的真谛，在于医生们找出病人的优点，接受它们，也让病人们自己接受自己。每个人刚生下来，都很轻松自在，同时暴露出恐惧与羞耻心。医生们静静地倾听患者的心声，他们不会以惊讶、反感的道德式的说教来批判。所以患者敢把自己的一切讲出来，包括他们自己能够感到羞耻的事与自己的缺点。当他觉得有人能容纳、接受他时，他就会接受自己，有勇气迈向美好的人生大道。"

2. 每个人的第二渴望就是获得别人承认

承认比容纳更深一层。我们只有容纳对方的缺点与短处，伸出热情的双手接受他们，才可以与他们友好相处。这只是基本的做法。倘若是积极的做法，就是找出对方的长处，不光是停留在接受忍耐对方的缺点上。

人们都喜欢沐浴在承认的温馨之中。温馨会使人变得真、善、美。

有一天，一位父亲带着自认为是无可救药的孩子到心理诊所。那个孩子已经被彻底灌输了自己没有用的观念。刚开始，他一语不发，怎样询问、启发，他也绝不开口。心理学家一时之间真是无从着手，后来心理学家从他父亲所介绍的情况和所说的话里找到了医治的线索。他的父亲说："这个孩子一点长处也没有，我看他是没指望，无可救药了！"

心理学家开始应用承认的方法，找出他的长处——孩子不可能没有任何长处。他到底找到了这个孩子喜欢雕刻，甚至可以说在这方面具有天赋，还颇有高手的意味。他家里的家具都被他刻伤，到处是刀痕，因而常常受到惩罚。心理学家买了一套雕刻工具送给他，还送他一块上等的木料，然后请人教给他正确的雕刻方法，不断地鼓励他："孩子，你是我所认识的人当中，最会雕刻的一位。"

从此以后，他们接触得频繁起来。在接触中，心理学家慢慢地找出小孩的其他优点来承认他。有一天，这个孩子竟然不用别人吩咐，自动打扫房间。这个事情使所有的人都吓了一跳，心理学家问他为什么这样做？

孩子回答说："我想让老师您高兴。"

人们都渴望着他人的承认，要满足这项欲望并不难。

你夸一位电脑专家眼光好，夸他善于看穿行情，洞穿下一步电脑发展的趋势，他可能不以为然，觉得你不过是在拍他的马屁而已，因为他并非只以一个成功的电脑专家自居。不过，换一个角度，你夸他做的家常菜十分有味道，也许他会乐昏了头。

称赞人的规则是："夸奖别人还没有显现出来的长处，才能使人快

乐。每一个人一定拥有不大为人所知的优点，为什么我们不去发掘这些尚不为人知的方面呢？"

3. 人所需要的第三个欲望，是受人重视

所谓重视，就是提高价值。我们都要求别人能够重视自己的价值。重视的反面就是轻视。

请别忘记人是世界上最尊贵、最重要的。为了表示我们对人家的重视，请注意以下的四种方法：

（1）不要怠慢人；

（2）对于不能立刻会面的拜访者，应尽早约他会面；

（3）时时感谢别人；

（4）对人"特别"招待。

对人最消沉、轻视的态度就是"平等接待"。每个人都认为自己是独特的个体，是个独一无二的人，所以我们要注意这点，承认每个人的独特价值。

4. 学会理解他人

日常生活中人与人交往难免会有不同见解，而不同的见解会使人与人之间言行举止有异，这些本是很正常的事情，如果多些理解，就不会因他人与己见不同而生出隔阂，进而产生矛盾。

但是，实际生活中却往往少了许多理解，将他人与自己对事物的见解不同误认为是与自己过不去，小肚鸡肠地斤斤计较，没完没了地打"肚皮官司"，结果必然是使自己与他人产生隔阂，渐渐由小至大，最终成为矛盾双方，水火不相容。

只要不是原则性极强的大是大非问题，理解就应成为对不同见解的最好诠释。有人这样说：**"理解是一缕精神阳光，它可以照亮我们的心扉，敞开我们的胸怀，让我们一生一世都受温暖。"**试想，人与人之间存在的不同见解、方法使得我们这个世界有朝气，许多新生事物不断诞生，正是由于在不同之中产生的结果。退一步说，个人与他人的不同见解存在，才会使得自己去从另一个角度思考问题，也许自己固有的见解

原本就是错的，是不科学的。其实正是由于他人的不同见解使自己反省，从而纠正自己错误的认识与观点，并获得新的进步。

因此，正确对待不同见解，不仅不是理亏，反而是一种理智的态度，而要做到这一点，所需要的就是"理解"。理解他人，理解环境，理解我们所处时代的方方面面；不固执、不偏激、不斤斤计较，更莫要为小事而跟他人整日纠缠，弄得自己心神不安，伤神又伤心。

要让"理解"成为一缕精神阳光，一是遇事要心平气和，要一分为二，要实事求是。二是要有宽人之量。即使是他人故意与自己过不去，在一定时间内能够做到"忍让"是勇敢者的表现。**古人云："退一步风平浪静，忍一分海阔天空""宰相肚里能撑船"，这些都是很富哲理的。三是要能形成一种严于律己、宽以待人的严谨作风。**

郑板桥有句名言即"难得糊涂"，这句话的内涵其实就是"贵在理解"。人们相聚在一起，因为年龄、文化水平、个人修养、脾气、家庭与生活环境的不同，对一些事物的认识肯定有差距，这些都是正常现象，无需过分自扰，而应给予更多理解。其实，在理解他人的同时，不仅避免了不必要的冲突和矛盾，更是一种心灵上的自我释放、自我解脱。

理解是一缕精神阳光，让我们经常借助这缕"阳光"，澄清我们的思路，净化我们的心灵，使我们在工作、学习和生活中显得更充实、更自在和更快乐。不信你就试试吧！

心灵悄悄话

当一个人肠枯思竭的时候，他忘了转型思考是一种习惯。

当一个人沮丧失意的时候，他忘了检讨改进是一种习惯。

当一个人畏惧调职的时候，他忘了提升自己是一种习惯。

当一个人沟通障碍的时候，他忘了真诚倾听是一种习惯。

提升自己的优秀品质

风度是衡量一个人的尺子

周恩来总理的个人魅力征服了全世界，被誉为"第一美男子"和"最具魅力的领导人"。在中国革命和世界外交史中，周恩来的魅力和风度，成了一件他独有的法宝。

出生于旧式家庭的周恩来，从小接受了传统的礼仪熏陶，青少年时立志于"为了中华之崛起"的伟大抱负，在沈阳、天津、日本、法国求学与从事革命活动时，更将培养个人仪容和革命相联系，把自己锤炼成了"一代良相"，在中国和世界政治舞台上潇洒偶傥地活跃了半个多世纪，成为一个近乎完美的共产党人形象，塑造了一个泱泱大国的总理形象，表现了一个威武、亲切、智慧、潇洒的国际政治家的风采。

人们形容他"像鸟儿爱护羽毛一样维护自己的仪容"，因为他把自己的形象和革命的利益与祖国的利益融为一体。一个人的风度和魅力能够具有这么大的穿透力和魅力，能够获得世界性的认同，确实是个奇迹。

有人说，真正有魅力的人，是具有绅士风度的，那么真正的绅士风度到底体现在哪几个方面呢？

首先，人的姿容直接反映出他的教养、精神状态，"坐如钟，立如

松，行如风，卧如弓"就是对人最基本的要求。

部队和一些窗口行业都设有整容镜以整姿容，发必理、面必修、领必扣、衣必整、行必端、立必正，军人但凡军容不整，便要被纠察，受处分。仪仗队和受阅部队的一举手一投足，都显示着迷人的职业魅力。

人站有站相，坐有坐相，走有走相，有款有型则体现了为人规整的魅力，带出了一团正气，就像横平竖直、漂亮的楷书书法。

一个有志于成长为堂堂正正的人，一个打算让自己具有优雅风度、迷人魅力的人，切莫将坐、立、行的品相等闲视之，必须从小养成良好的生活、社交习惯。

其次，彬彬有礼，风度翩翩。

任何人如果能做到礼貌周到，就会有许多朋友围在他四周，别人看在眼里也会暗自赞叹。

但有的人却习惯大大咧咧，不认为风度是衡量人的一把尺子，想怎样就怎样。

比如，大家一起出游，路上碰到你的熟人，这时不应一个劲地拉住熟人闲聊，而把同行之人冷落一边，应该马上为同行之人和你的朋友互相介绍，先把同行之人介绍给你的朋友，再把朋友介绍给同行之人，顺序不可颠倒。

在公共场合，千万不要大家一起横冲直撞，或是大声讲话，这样会使周围的人感到尴尬。如果人多拥挤，大家一起离开。需请人让让，甚至做必要的回头致谢。

再次，让妇女儿童先行。

男人体格强壮，动作敏捷，保护妇女、儿童的责任主要应该由男人们来承担。能够自觉而到位地承担起这一责任的男人，就是尽职的男人，就会受到妇女、儿童，乃至整个社会的青睐，流露出男人的魅力。男孩从小也要受到这方面的训练，像郊游时帮女同学背包，打扫卫生时男孩要多做体力活。

西方的文明和男人的行为规范在这一点上是非常明确的——他们遵

循着"让妇女、儿童先走"和"女士优先"的规则，这已成为一种社会风气和社会礼仪，在非常事件发生时，这又是一条铁的纪律。

所以，帮助女性和儿童，减轻她们的负担，是男性"绅士"风度的一种突出表现。

西方对男孩培养也是循循善诱的。比如在餐厅就餐，一定要让女士先落座，男士方能坐下。点菜时，先询问女士的意见，倒茶递纸巾就更不必说了。就餐完毕，男士应先站起，等待女方离座，再帮她取下衣服，为她穿上。进出门口，务必走在她前面，替她开门。

在危难之中，男士们的自我牺牲精神更是体现出了男性最强烈、最迷人的魅力。在《泰坦尼克号》影片中，面临冰海沉船：女士、儿童、老弱者们被首先安排进了救生艇，企图用化装蒙混逃命的男人受到了最大的鄙夷和蔑视。男士们自觉、泰然地做着这一切，舆论和社会秩序监督着这一程序有条不紊地执行，将保护妇女、儿童、弱者作为男性的天职来庄严地履行，把生的希望留给妇女、儿童、弱者，把死的威胁毅然承担在自己肩上，乐队平静地继续演奏着乐曲，直至巨轮沉没的瞬间才庄严地谢幕，视死如归地将人性尊严的旋律回荡在黑暗的夜空和冰冷的海面。

社会的文明程度往往体现在它的社会风尚上，对弱者的扶助、体贴、关怀，则是良好社会风尚的集中体现。人与人之间在社会交往上所贯彻的礼仪并不是酸文假醋般的客套，男性对女性的尊重、谦让和以礼相待，也绝不能认为是讨好卖乖的做作，而是被称为"绅士风度"的教养，是男女两性平等的男性魅力的自然流露。而不把女性当作一回事儿、粗野、漠视、毫无礼貌，甚至恃强凌弱，其实质便不能不让人追索到原始社会男性对女性的"统治""领导""支配"的潜意识上来。

至于在危难中的男性是否能够做到自我牺牲，为女性和其他弱者肩起沉重的闸门，放他们到生路上去，则更是一场灵魂的考验和对道德、品质、人性的测试了。猥琐与魅力、渺小与伟大、卑微与崇高、暗淡与辉煌，在此分野，毫厘不爽。

我们国家的男性与西方发达国家男性在这一点上的差别，毋庸讳言，仍是相当巨大的。这中间有文化的差异，但更多的则是文明程度、人文理念上的差距。

因此我国对男性魅力的培育，不仅仅是为了提升其个人修养，也是为了建立一代社会风尚。"女士优先"被认同，不仅仅是先后顺序排列的被遵守，更是男性觉悟的提高和素质的提升。

用优秀品质和自我修养提升自己的气质

一个人有没有气质，关键在于他自身是否拥有品质。而优良品质是打造一个人气质的催动器，这种品质主要为乐于助人，亲切随和与人相处，也就是说，在任何可能的情况下去帮助别人。

美国总统林肯就是一个乐于助人的人。林肯乐于助人，这使得他在任何场合中都能与别人打成一片。他在律师事务所的合伙人亨恩顿先生说："在林肯先生的住所住满了人的时候，他会把自己的床让给别人。然后，他自己就到店里的柜台上睡，卷一卷布当作枕头。似乎谁有困难都会想到向他求助。"这种乐于助人、乐善好施的性格使得林肯备受人民的爱戴。

所以，优良的品质有一种内在的魅力，这种魅力永恒持久，不易消逝，让人难以拒绝。没有人会去嗤笑具有这种魅力的人。因为他们焕发出了耀眼的光芒，消除了所有的偏见。无论你有多忙，有多焦虑不安，或是痛恨别人的打搅，面对这种具有令人愉悦品质的人，你都无法转过脸去拒绝。

当与一个有优秀品质的人接触时，他会挖掘出你身上存在的许多潜能，让你拥有你以前想都不敢想的能力，你因此可以独自去说你从不敢说的话，去做你从不敢做的事。这时候，谁会说他没有感觉到自己的能

力在飞速提高，自己的才智在慢慢增长，自己的优势在不断增强呢？演说家的激情往往来自听众，而他又把这种激情反馈给听众，激起他们更高的热情。但是，这种情形不同于一个化学家在实验室里把不同的化学药品混合即可得到强大的能量，演说家获得的激情不可能来自观众中的某个个人，而是在双方的交流与融合中才产生了新的思想、新的力量。

我们很少意识到，其实我们成功的一大部分原因应该归功于别人对我们所起的激励作用。正是他们增长了我们的才智，点燃了我们的希望，鼓励我们，帮助我们，我们才得以成功。

事实上，对人教育的主要价值在于通过平时的社会交往活动，通过与别人的交流，不断地完善自己的性格。心与心的沟通，思想与思想的碰撞，使人的思想逐步得到提高，得以升华。这种交流张开了人们想象力的翅膀，激发了人们更崇高的理想，为孕育新的希望、产生新的可能性开辟了道路。书本知识极具价值，然而从思想交流中获得的知识也是无价的，因为它们对人的自身品质的形成有很大的潜移默化作用。

如何形成自己的优秀品质呢？

第一，具有远大的理想

屡建功勋的中国乒乓球队，以拼搏精神闻名世界的中国女排，他们的胜利是和为国争光、为中华民族争气的远大理想分不开的。我国电子学第一位女博士韦段曾豪迈地说："振兴中华责无旁贷。"她在德国刻苦学习，取得优异成绩，就是远大理想推动的结果。

第二，高尚的情操

高尚情操中的一个重要方面是爱国主义精神。抗日英雄杨靖宇将军为了把千百万同胞从日寇的铁蹄下解放出来，吃树皮草根，浴血奋战，最后壮烈牺牲。爱国学者朱自清为了维护国家、民族的尊严，在贫病交困的情况下，拒绝美援面粉。高尚的情操还包括像鲁迅那样的无私无畏的品德；像张志新那样的革命乐观主义精神和华山抢险战斗集体那样的舍己为人的自我牺牲精神，等等。

第三，创造性思维

这是优秀品质所具有的一种特性，如医学家修瑞娟在微循环方面作出两项开拓性的成果，创立"修氏"理论，震惊了国际医学界。

第四，坚强的意志

著名经济学家孙冶芳的座右铭是："在科学的入门处好比地狱的入口处一样，必须提出这样的要求：'在这里意志必须坚定，在这里不能让恐惧来做顾问'。"他时时以这条座右铭来鞭策自己，以坚强的意志构造了成功的大厦。

第五，待人接物的风度

优秀品质的人待人接物有其一定的特点。多才多艺的政治家廖承志在与人接触时，总是面带笑容、和蔼可亲，还时时讲出幽默风趣的话，联系群众、彬彬有礼是他一贯的作风。闻名世界的妇产科专家林巧稚对待病人有一股特别的吸引力，她对病人亲切爱护。

第六，自我意识的作用

第一个获得法国国家物理学博士的中国学者张新交时时勉励自己："我是一个中国人，中国人是有潜力、有能力、有志气的。放心吧，祖国！您的儿子要用他的心血和生命为您争光！"民族自尊心使他在物理学方面取得了优异成绩。

人与人第一次交往中留下的印象，在对方的头脑中形成并占据着主导地位，这种效应即为首因效应。我们常说的"给人留下一个好印象"，一般就是指的第一印象，即首因效应。因此，在交友、求职等社交活动中，我们可以利用这种效应，展示给人一种极好的形象，为以后的交流打下良好的基础。生活要求我们具有良好的气质。良好的气质造就了人的第一印象，因此，有人说气质是人的最外一层衣服。

那么如何给人留下气质美的第一印象呢？

第一，注意外表和身体语言

中国有句俗话，叫人靠衣装马靠鞍。确实，得体的衣着、打扮在交往中很容易给人留下一个鲜明而深刻的印象。但是，衣着打扮要以得体

为前提。所谓得体，就是要符合人的年龄、性别、性格、职业、社会角色等特征，还要注意时间、地点与场合。曾经有一个中专毕业生，在某商场招工面试的第一天，特意去高级发廊做了一个时髦的发型，并且化了淡妆。在刻意打扮一番之后，满怀信心地去参加面试。尽管这位女学生在校的成绩不错，可结果还是被淘汰了。问题恰恰出现在她新做的发型上。面试的主考官对不录用这位女生的理由解释得很简单："她打扮得不像个学生，让人看了不舒服。"由此可见，打扮得体对孩子是非常重要的。有些家长过早给孩子烫发、穿耳钉、戴项链，这都不符合孩子身份，孩子穿着大方整洁，实际上就是露出他们朝气蓬勃、阳光的一面了。

身体语言也是树立良好形象的重要内容。外表讨人喜欢是一项很宝贵的资本，这种人很容易获得他人的关心和信任。因此，在交往中我们每一个人都需要首先检查自己的外表，注意自己的身体语言，努力排除一切干扰良好印象形成的因素。比如，握手时的手部无力和目光偏离，听人说话时的注意力分散等，都会影响良好第一印象的建立，而这些表现都是可以通过事先的注意而加以避免的。同时，我们还要尽量在最短的时间内了解对方的特点，并根据对方的特点设计自己的身体姿势和说话的内容、方式，使自己在交往的一开始就被对方以一种喜欢、接纳的态度所对待。如果交往的一开始就被对方不喜欢或不接纳，那么以后的交往就很难以和谐的方式继续了。

第二，学会倾听

善于倾听别人说话有时比自己讲话更重要。在交往过程中，擅于倾听的人，在别人的心目中都会留下良好的第一印象。要做到"会听"，首先要有正确的"听"的态度，专心地听对方谈话，态度谦虚，始终用目光注视对方。

其次，在听的过程中，要善于通过身体和语言给对方以必要的反馈，做一个积极的"听众"。例如，听话时适当地点头并加以"嗯""噢""是吗""真的吗"等语句表示自己确实在听和鼓励对方继续说下去；思考对方所说的话以填补停顿时间；重新说一遍自己听对方提到的内容等。

最后，还要能够巧妙地表达自己的意见，不要坚持与对方明显不合的意见。因为几乎所有的说话者都希望别人听他说话，或者希望听的人能够设身处地为他着想，而绝不是给他提意见。同时，还要注意，不要轻易打断或试图打断别人的谈话。

很多接受过心理咨询的人都会体验到，一个好的心理医生就是一个最好的"听众"，他们总是积极关注着你的发言，并且从不将自己的观念强加到你的头上。

他们积极地诱导你、鼓励你说出心中的苦闷、迷惘。他们为你的悲伤而悲伤，为你的快乐而快乐，使你在与他们短暂的交往中，对他们产生好感。一个不会听的心理医生是不称职的。孩子逐步长大，他们的思想也在增长，而对社会诱惑，有许多需要家长、老师引导。做孩子的倾听者，不要认为他们说的可听可不听，更不要简单粗暴对待，让孩子说出心里话，因为这对他们成长很重要。

总之，父母、老师在与孩子说话时要注意积极倾听，在初次交往的很短时间内就能加入对方的谈话中，并且察言观色、随机应变，会给孩子留下良好的第一印象。

第三，善于处理各种情境

在人际交往的过程中，常常会出现各种各样出乎意料的情境，比如说窘境，对这些情境处理的好坏，会直接影响到一个人在他人心目中的印象和交往的发展。一个人应该注意积累别人有效地处理尴尬情境的经验，运用你的智慧和幽默感，随时将出现的尴尬局面化解。

很多专门研究人际关系的人都提出了一些有效增加自己良好印象的技术。比如，有人在调查研究的基础上，提出了在最初的交往中有效地表现自己的"SOLER 技术"。SOLER 是五个英文单词的首字母。分别代表五种技巧：

S：坐着面对别人。

O：姿势自然开放。

L：身体微微前倾。

E：目光接触。

R：放松。

事实证明，无论是孩子还是老师、家长，都要与人打交道，如果我们在人际交往的过程中，有意识地在适当场合运用 SOLER 技术，改变其他一些不适当的自我表现，显示出自己良好的气质，就可以有效地增加别人对我们的好感，增加别人对我们的接纳程度，形成良好的印象。而孩子对父母、老师的印象，直接关系到他们能否说出心里话，能否听从父母、老师所给予的教导意见，也对他们逐渐长大养成倾听习惯打下良好基础。

父母、老师是孩子的榜样，在孩子心目中，榜样的力量是无穷的，所以，做父母的、做老师的，都要不断提升自己气质，加强自己的修养，使孩子们从心里接受自己、接纳自己，教育孩子成才。而倾听在孩子成长过程中是重要的一件事，它可以随时掌握孩子的思想动态、烦恼及成长中需要解决的问题，这在今天已引起教育学家的广泛重视。

做一个受欢迎的人

在人面前展示自己，就是使得人们都喜欢你，那么怎样才能使自己受人喜欢呢？

有谁不希望让人喜欢？可是，让人喜欢好像并不是那么容易。你每天所接触的人，老师、同学、家人、朋友，人人都喜欢你吗？恐怕未必吧！就连自己亲戚，他们是不是真的喜欢你呢？

"喜欢"是一种微妙的感觉，往往没办法用言语表达出来，而只能凭心灵去体会。一般人很少会对别人说："我喜欢你。"

因此，是不是受人喜欢就变成一种直觉，你是不是受人喜欢，只有你自己才能体会得到，很少有人会直接地告诉你，他们心中真正的感受。奇妙的是，我们心中总是清清楚楚地知道，谁是受欢迎的人物，更遗憾的是，这个人往往不是自己。仔细想想，人们喜欢的对象，大半都具备相同的特质，不论在什么场合，总是某些类型的人特别讨人喜欢。我们会说："他在任何地方，都能谈笑风生。""别人总是喜欢围在他的身边。""只要他一出现，气氛就愉快多了。"

这些备受欢迎的人，大都具备几个特点：

第一点是亲切

爱摆架子的人，人人看见了都会敬而远之。能够随时随地放下身份地位，和其他人愉快相处，这样的人才让人由衷喜爱。有些大官、大老板、大人物、大明星，乐于接近周围的人，他们快活的心情，愿意和一般没有名气的人说些家常话，这种和自己家人一样的亲切态度，往往使人乐于接近，而且发自真心地受到吸引。

第二点是开朗

凡是每天开开心心的人，谁见了都会喜欢。这些人脸上带着笑容，不论是谁，与他见面也会觉得自己变愉快了，这种乐观态度不自觉地就会感染到身旁的人，大家不由自主地就会想接近他。

第三点是热心

在团体中热心的人，总会得到别人的尊敬。很多人为了一些小事，怕麻烦，只会一味地推托，觉得为什么是我来做，总是怕吃亏，这样的人是不受欢迎的。热心的人，在大家需要帮忙时，会挺身而出；有时会不计较自己损失的利益来造福大众，这样的人，大家往往会被他的所作所为感动，而越发敬重他。

第四点是幽默

会说笑逗大家开心的人，去哪儿都占上风。人人都喜爱开心果，谁爱愁眉苦脸呢？或许他们背后有满腹苦水，但是面对大家时还是把欢笑带出来，谁能不爱他们呢？

第五点是大方

人无论美丑，心灵要美。诗人说："美是永恒的喜悦。"喜欢美好的事物本来就是人的天性，美丽的人，到哪儿都被人簇拥着，也就是这种天性的反映。外表、打扮、穿着能让人觉得赏心悦目，但举止大方，衣服整洁，即使长得一般也会让人觉得愿意接近。

再有两个很重要的条件就是"人缘"与"亲和力"。总是会有一些人生来就带有一种特质，人缘特别好，大家提到他时就会有不一样的反应，所以如果你拥有一身好的条件，但人缘不好的话，也是失败的。而一些大官、明星，如果没有亲和力，只会摆架子，那样的人，虽然地位高或者知名度高，人生也是不算成功的。

上述所论的几点人的特质，都是受欢迎的人的特质，看看我们的孩子，做到了哪几点呢？让孩子多多观察四周拥有这些特质的人，学学他们为人处世的做派，相信也会变成一个受人欢迎的人。

心灵悄悄话

习惯是行为的女儿，女儿反过来养育母亲，并按母亲的模样生下自己的女儿，不过更漂亮，更幸运了。

第五篇

把思考落实到行动

思考与行动支撑起我们的人生，爱思考不是病，但人生不能仅仅是思考而不行动，否则人生就成无源之水、无本之木了。

人生更需要我们用实际行动去书写、去创造，不要再做思考的巨人、行动的矮子。

思考是人成功的萌动播种时期，只有你学会思考，善于思考，敢于思考，才会在你成功的土壤中播下成功希望的种子。有了思考播下的成功种子，就需要我们用行动去维护去浇灌了。思考加行动，这是成功者永恒不变的路。

做一个思考者

做一个惯于思考的人

一个人要养成的一个重要习惯是思考，要学会思考，善于思考，勤于思考。通过认真的思考辨疑解难，增强思维能力，无论对任何事情都要多问一个为什么，探求事物的发展规律，养成观察事物、分析问题的良好习惯。

从前一个年轻的英国人在他的农场里度假休息，他仰卧在一棵苹果树下思考问题。这时，一只苹果落到了地上。

"苹果为什么会落到地上呢？"他问他自己。地球会吸引苹果吗？苹果会吸引地球吗？它们会互相吸引吗？这里面包含着什么样的普通原理呢？

这位年轻人就是牛顿。他用思考的力量，获得了一项极其重要的发现——万有引力定律。牛顿向自己提问发现了万有引力定律。

而霍英东向自己提问，创成富豪。霍英东是个颇有心计的人，他时时都在留心寻找能有发展的事业。朝鲜停战以后，霍英东独具慧眼，他看出了香港人多地少的特点，认准了房地产业大有可为，于是毅然倾其多年的全部积蓄，投资到房地产市场。1954 年，他着手成立了立信建筑置业公司。他每日忙于拆旧楼、建新楼，又买又卖，大展宏图，用他自己的话说，他"从此翻开了人生崭新的、决定性的一页！"

如果说霍英东早年经营航运业是他创业初期的练兵的话，那么，在经营房地产业的过程中，则充分显示了他过人的经营头脑。在他以前的房地产业，都是先花一笔钱购地建房，建成一座楼宇后再逐层出售，或按房收租。怎样才能获得更好的效益呢？霍英东不停地问自己。思之再三，他终于将房产界的这一游戏规则"变了个戏法"，即预先把将要建筑的楼宇分层出售，再用收上来的资金建筑楼宇，来了一个先售后建。这一先一后的颠倒，使他得以用少量资金办了大事情。原来只能兴建一幢楼宇的资金，他可以用来建筑几幢新楼，甚至更多；同时，他又能有较雄厚的资金购置好地皮，采购先进的建筑机械，从而提高建房质量和速度，降低建造成本。他不仅以比同行低得多的价格出售那些地点较优越的楼宇，而且他还采用分期付款的预售方式，使人人都能买得起。霍英东的"戏法"真是高招，他开创了大楼预售的先河。为了推广先出售后建筑的"戏法"，霍英东率先采用小册子及广告等形式广为宣传。他说："我们开展各种宣传，以便更多有余钱的人来买。譬如来港定居或投资的华侨、侨眷、劳累了半生略有积蓄的职员、赌博暴发户、做其他小生意涨满了荷包的商贩，都来投资房地产。谁不想自己有房住？只要有众多的人关心它、了解它、参与它，我们的事业就有希望。"霍英东的广告宣传十分奏效，立信建筑置业公司在短短的几年里所营建、出售的高楼大厦就布满了香港、九龙地区，打破了香港房地产买卖的纪录。这个既不是建筑工程师出身，又非房地产经营老手的水上"穷光蛋"，一下子成了香港房地产业的巨头。霍英东名下的公司有 60 余家，大部分都经营房地产生意，或与房地产经营关系密切。由他担任会长的香港地产建筑商会，占有香港 70% 的建筑生意。

霍英东给自己提问，成就了成功创富的大业，值得我们学习和借鉴。

任何刚开始经营的商人，要养成最有价值的习惯是在他下决心之前，可以停下片刻，迅速回顾他的推理。这种最后的检查，也许只需要

几分钟甚至几秒钟，但收获却非常之大。这可以让人有一次机会，来合理地整理自己的思绪，或回想自己为什么或怎样会有这种决定。这个简单的过程，可以大大地增加一个人如何迅速而有效地去处理可能碰到的难题。这有点像世界上某些最佳演员所养成的习惯一样，虽然他们可能对所扮演的角色已经熟透了，但是在开幕之前，仍会迅速地把剧本或他们自己的那一部分过目一遍。

一个很成功的推销员曾这样说：他的成功是在经营事业的初期便养成了惯于思考的习惯。"我甚至还想出一个秘诀来养成这个习惯。"他说，"去拜访顾客之前，我一定要先静下心，喝杯咖啡，擦擦皮鞋。这样一来，在我真正踏入顾客办公室之前，我有一个最后思索的机会——如何表现自己。所得到的效果好极了！除了能从容地应付对方所提的问题外，还使我推销了很多的东西。"

不管任何人，最好养成下决心之前留下几分钟来冷静地整理思绪的习惯。

比别人多想一步

成功并不只是比别人多付出，其实在很多时候，天才和普通人的区别就在于能比别人多想一步。

罗伊·普兰克是杜邦公司的化学专家。有一次，他做了一项实验，失败了。当时，实验结束，他打开试管，发现里面一无所有。他感到不解，于是称出试管的重量，却意外地发现重量增加了。"为什么呢？"

带着这个疑问他继续努力寻找答案，后来发现了奇妙的透明塑胶。

当我们碰到无法理解的事情时，要多问一个"为什么"，然后仔细想一想，认真地琢磨琢磨，你也许会有奇妙的发现。

20世纪80年代，日本一位18岁的少年继承父亲的制面事业。

他的父亲病重无法工作，少年独力维持家计，养活6个弟弟、3个妹妹及多病的双亲。他不但制面，还要负责卖面。

20岁时他爱上了一个女孩，女孩的父亲不愿意女儿嫁给制面的少年。于是，他改行从事珍珠买卖，并不断追求新的专业知识。

一位大学教授告诉他一项未经证实的理论："珍珠的形成，是异物进入珍珠贝，如砂粒，珍珠贝才会分泌珍珠的成分，将异物包裹起来，形成珍珠。"

少年听了大喜过望。他想："如果我将异物植入珍珠贝体内，就会有人工饲养的珍珠产出了。"实验成功了。他的人工养珠，使他成为日本知名的大企业家。

另外一个与珍珠有关的故事，是一个年轻的美国人约瑟夫·高登史东。他在艾奥瓦州的农村挨家挨户推销珠宝。

有一天，他得知日本生产美丽的人工养珠，品质良好，价格比天然珍珠低很多。

约瑟夫"看到"了大好的机会。虽然时值经济大恐慌，他和妻子艾莎还是变卖了所有的家当飞往东京。他们见到日本珍珠贩售协会的主席北村，提出在美国销售日本养珠的计划，要求北村提供首批价值10万美元的寄卖品。这是一个大数目，尤其在不景气时。但是，七天后，北村答应了。

那批养珠销售一空，高登史东前途看好。几年之后，他们决定经由北村的协助，设立自己的养珠场。他再度"看到"别人视而不见的机会。

起初，植入异物的珍珠贝死亡率超过50%。"如何降低这么大的耗损？"他们问自己。经过多次研究，他们先将珍珠贝的外壳刷洗干净，降低感染的几率。然后使用少量的麻醉剂，以消毒干净的手术刀切割，并植入一小颗圆珠；完成之后，再将珍珠贝放进笼内，放回海底。每隔

四个月，收起笼子检查珍珠贝生长的情形。经过这些处理，90%的珍珠贝都能存活，并且产出珍珠，使高登史东赚进巨额的财富。

成功者总是走在别人前面。有时，你比别人多想一点，比别人多走一些，就能看到别人没有看到的机会，成就别人梦想不到的事业。所以，千万不要放过任何一个创新的机会。运用所学，勤于思考，付诸行动，你就会觉得到处都有无穷无尽的趣味和新领域在等你。

心灵悄悄话

一个能理解你苦痛的朋友，比一百个狐朋狗友来得更为珍贵。因为只有真正的朋友才能接受你本身的样子，才会帮助你变成更好的自己。这种友谊是双方的：你不仅需要去找到那个"对的朋友"，你也要做对方那个"对的朋友"。因此，若有人对你展现了足够的信任，请别让他们失望。真正的友谊是需要时常用爱心和责任浇灌的。

思考才能播种希望

留住自己的奇思妙想

鲁迅说过："**孩子是可敬佩的，他常想到星月以上的境界，想到地下面的情况，想到花卉的用处，想到昆虫的语言；他想飞到天空，他想潜入蚁穴。**"然而，无数充满奇思妙想的孩子却长成了思想贫乏单调的成年人，这里要责怪的，自然不是孩子，而是父母、老师等长辈。

所以，对于孩子来说，要时刻激发自己的创造力，养成善于思考的好习惯。

世界著名作家歌德小的时候，母亲常给他讲故事，但她讲故事比较独特，总在讲的中途停下来，留下一个让小歌德想象的余地，让他发挥想象，续说下去。由于自小就受到想象力的培养，歌德后来成为举世闻名的大作家。

现在很多成人喜欢给孩子讲故事，但这些故事大都太完整。其实，从培养孩子的想象力这点说，这是不利的。

想象力是人类独有的才能，是人类智慧的生命线。在创造发明和探索新知识的过程中，想象力是一切希望和灵感的源泉。它不仅引导我们发现新的事实，而且激发我们做出新的努力，使我们预言未来，看到可能产生的后果。

爱因斯坦说："想象比知识更重要，因为知识是有限的，而想象力概括着世界上的一切，并且是知识进化的源泉。"

任何一个孩子都是极具想象力的天才，而未经文明熏染和污染的孩子，其思维模式还没有被纳入社会公认的体系中，他们天马行空、稀奇古怪的想法其实正是可贵的想象力的火花。

课堂上，一位老师提问："雪化了变成什么？"

"变成水。"大家异口同声。

而另一个小孩子回答："变成了春天。"这个回答是多么富有想象力，又是多么富有艺术性，可居然被判为零分，因为老师认为，这个问题的标准答案不是这样。

父母问孩子："树上有五只鸟，被人用枪打死一只之后，树上还剩下几只鸟？"提出这个问题的目的当然是想让孩子回答："一只也不剩，都被枪声吓跑了。"据说这是一道"脑筋急转弯"的试题，可以测试人的聪明程度。

孩子回答："还有三只。"父母愕然："怎么可能？"孩子解释："爸爸被打死了，妈妈吓跑了，剩下三个孩子不会飞。"这是一个充满情感的回答，又是一个极现实的回答。可是，父母却大声呵斥："什么乱七八糟的？你脑袋里从来就没想过正经事儿。"

孩子记住了"标准答案"，可谁来计算他们失去的东西？

据验证，一些富有想象力的孩子通常都有下面一些特点：

1. 有旺盛的求知欲和强烈的好奇心

缺乏想象力的孩子总是坚信自己所学的知识是对的，却很少想到这些知识有什么不对之处。因此，孩子总是用前人所用过的传统方式去看待事物。这样，他们只能见到前人见到过的东西，只能想到与前人已经发现了的东西有什么联系，却容易忽略有什么新的联系。而有旺盛求知欲和强烈好奇心的孩子却不这样，他们对新鲜事物特别感兴趣，并且发现有意义的问题以后，能够请教老师和父母，因此他们进步很快。

2. 喜欢幻想，爱做"白日梦"

因为学校的教育大多因循守旧，强调抽象语言和有序的学习方法，所以一些思维活跃的杰出人才常常不能被发现。历史上，许多后来被证明是最杰出天才的人都未被及早发现，有的甚至受到误解和埋没。被誉为"发明大王"的爱迪生，小学考试时总是倒数第一。老师向父母告状："你那孩子就会捣蛋？有回上算术课，别的学生听得挺专心，可他偏没话找话，问：'老师，2加2为啥等于4呀？'你说这不是捣蛋是什么？"其实，爱迪生的创造性思维方式与传统的日常功课格格不入，他将时间花在做"白日梦"上，思考自己感兴趣的问题，因而对学校的功课很少用心。

3. 爱学善问，兴趣广泛

火柴的发明者是一位名叫查理·索理亚的中学生。他从小就是一个爱学善问、兴趣广泛的好孩子。他在小学读书时，不仅门门功课成绩名列全班之首，还特别对自然常识感兴趣。别的孩子做完作业就算完事，他却不然。虽然老师在课堂上已经给他们做过了试验，他回到家里总是还要亲手再试上一试，火柴的发明就是他在一次化学实验中的意外收获。老师讲过，硫黄、氯酸钾、磷都是易燃品，可做炸药……他就想，既然它们是易燃品，能不能用来做成理想的引火器呢？于是，他在家里搞起了试验，经过多次努力，火柴做成了。

4. 敢于对现状质疑，具有独立思考和工作的能力

意大利伟大的科学家伽利略的幼年，大部分时间是在修道院里度过的。孩子们进入修道院后，首先受到的教育是"上帝创造世界"的学说。

牧师讲完后，大多数孩子都伸直小手争先恐后喊："明白了。"可是伽利略想：我怎么就和其他同学想得不一样呢？我怎么总有疑问呢？比如，上帝从哪里取的材料呢？有谁看见了呢？我可不能不懂装懂。

从此，伽利略对天地间的事情发生了强烈的兴趣。他找来有关的书

籍进行阅读，有关故事他也想听听，尤其是有关天地间的奇怪现象，他更是想一睹为快。为了弄清楚天上的日月星辰、银河云雾等自然现象，他花了十几年的时间，制成一架能放大 32 倍的望远镜，终于亲眼看到了天体部分真实的现象，为人类的天文学做出了卓越的贡献。

5. 爱别出心裁，搞点花样

美国的莱特兄弟是一对爱别出心裁、搞点花样的人。兄弟俩本来是靠修理自行车过活的，可以守摊混饭吃，但他俩并不满足现状，喜欢别出心裁，搞点花样。

一天，兄弟俩在门前马路上试骑刚修好的自行车，由于车闸失灵、路陡坡大，自行车一下冲了出去，吓得路上的鸡、鸭到处乱飞。

"哎！要是把咱们的自行车变得能往天上飞，那该多好。""把汽车、火车都安上翅膀，就都能上天了。"……兄弟俩真想搞点花样了。

孩子都明白，铁跟空气比谁重谁轻，想让很重的发动机飞上天，那不成神话了吗？莱特兄弟的"花样"遭到很多人的反对。

但是，莱特兄弟没被困难吓倒，他们一边学习理论知识，一边经常观察雄鹰盘旋、燕子高飞，花了大量的时间在家钻研。经过十多年的努力，终于制成了第一架双翼飞机。兄弟俩高兴地把这架用内燃机做动力、用木料做骨架、用帆布做机篷的飞机叫作"飞行者号"。从此，莱特兄弟给人类开辟了航空科学的新纪元。

怎样激发孩子的想象力？一位美国美术教师来到昆明进行教学交流，她看到中国孩子们的画技非常高，有一次就出了一个"快乐的节日"的命题让中国孩子去画。结果，她发现很多孩子都在画一个同样的事物——圣诞树。

她觉得很奇怪：怎么大家都在画圣诞树？经过仔细的观察，她发现教室后面的黑板上画着一棵圣诞树，孩子们正在一笔一画地照着描。于是，教师把墙上的圣诞树遮盖起来，要求孩子们自己创作一幅画来表现这个主题。

没想到，这可令那些画技超群的孩子为了难。他们抓耳挠腮、冥思苦想、痛苦万状，就是无从下笔，最后，她只好又把墙上的圣诞树露了出来。

为什么会这样呢？

中国的孩子画画喜欢问"像不像"；美国的孩子画画则喜欢问"好不好"。两者的区别在于："像"是有样板、有模型的，而"好"则没有一定的章法。中国的孩子之所以喜欢用"像"来评价形容自己的画，自然是父母老师给他们灌输了这样的价值标准。

想想你是否也给孩子施加过类似的压力？根据"像不像"评价孩子的绘画，根据"合不合一般逻辑"评价孩子的回答……这些，正是想象力最大的敌人。

要知道，想象力最重要的特征，莫过于它的超越性。它可以超越感官，进入人类无法直接感觉到的领域；它可以超越知识，使人类在未知领域神游遐想，它还可以超越自然，创造出无数自然界并不存在的事物……

人类的感官功能是非常有限的，能看到的、能听到的、能闻到的、能感受到的东西，同极其丰富的自然物质相比，实在是太小太小了。但想象力弥补了人类的这一缺陷，从而使人类拥有了一个同大自然一样丰富无比的主观世界。这个主观世界尽管充满着梦想、假象、虚幻，但也时时给人带来同客观世界相吻合的惊喜。科学史上种种假说的被证实，就是很好的证明。

增强自己的思考信念

在了解我们的思维有多神奇之前，我们可以先做这样的小游戏。

这是一个开发创造性思维的小游戏，这个游戏的规则就是以"曲别针"为对象打开想象的闸门，请你绞尽脑汁地去想象曲别针到底有多少种用途，每人至少要想象出 50 种以上。做完这个游戏后，你会感到很有趣味，但同时也感到很疲劳，这就是你创维性思维潜能得到开发的结果。

我们不妨试试看，到底能猜出多少种用途？

在一次有许多中外学者参加的旨在开发创造力的研讨会上，日本一位创造力研究专家村上幸雄应邀出席了这次活动。

在这些创造思维能力很强的学者同仁面前，风度潇洒的村上幸雄先生捧来一把曲别针，说："请诸位朋友动一动脑筋，打破框框，说出这些曲别针的用途，看谁创造性思维开发得好，新点子多而奇特！"

不久来自河南、四川、贵州的一些代表踊跃回答起来。"曲别针可以别相片；可以用来夹稿件、讲义。""纽扣掉了，可以用曲别针临时钩起……"七嘴八舌，大约说了二十几分钟，其中较奇特的是把曲别针磨成鱼钩去钓鱼，大家一阵大笑。

村上对大家在不长时间讲出好几十种曲别针的用途很赞赏。人们问："村上先生您能讲多少种？"

村上先生莞尔一笑，伸出 3 个指头。

"30 种？"

村上先生摇头。

"300 种？"

村上先生点头。人们惊异，不由地佩服起村上先生，众人都拭目以待。

村上先生紧了紧领带，扫视了一眼台下那些不信任的眼神，用幻灯片映出了曲别针的用途……

这时中国的一位以"思维魔王"著称的怪才许国泰先生向台上递了一张纸条，当主持人念完后，人们惊呆了。

"对于曲别针的用途，我能说出3000种，3万种！"纸条上写着。

第二天上午11点，他"揭榜应战"，轻松地走上讲台，拿着一支粉笔，在黑板上写了一行字：村上幸雄曲别针用途求解。

原先不以为然的听众被吸引过来了。

"昨天，大家和村上讲的用途可用4个字概括，这就是钩、挂、别、联。要启发思路，使思维突破这4种格局，最好的办法是借助于简单的形式思维工具——信息标与信息反应场。"

他把曲别针的总体信息分解成重量、体积、长度、截面、弹性、直线、银白色等10多个要素，再把这些要素用标线连接起来，形成无数条信息连线。然后，再把与曲别针有关的人类实践活动要素进行综合分析，连成信息标，最后形成信息反应场。这时，借助于现代思维之光，超常思维射入了这枚平常的曲别针，马上变成了孙悟空手中的金箍棒，神奇变幻而富于哲理。

他从容地将信息反应场的坐标不停地组切交合。通过两轴推出一系列曲别针在教学中的用途，把曲别针分别做成阿拉伯数字，再做成"＋－×÷"的符号，用来进行四则运算，运算出的数量就有一千万、一万万……

曲别针可做成英、俄、希腊等外文字，用来进行拼写读取。

曲别针可以与盐酸反应生成氢气，可以用曲别针做指南针，串起不导电。

曲别针是铁元素构成，铁与铜化合是青铜，铁与不同比例几十种金属元素分别化合，生成的化合物则是成千上万种……实际上，曲别针的用途，几乎近于无穷！

他在台上讲着，台下一片寂静。与会的人被思维"魔球"深深地吸引着。驰名中外的科学家温元凯高兴地说："高明，简直是点金术。"

此时，再也没有人说曲别针有3000种、3万种用途是吹牛，而是对这种新的开发思路感到了新奇，陷入打破了原有的思维格局的沉思……

这种思维特点含有严肃的美学思考内容和经济学内容，对于创造者可提供一种全新的思考方式。

下面三个行动指南可以指导你用来获得和增强你的信念力量。

1. 要多思考成功，不要思考失败

在工作中，在家里，用成功思维取代失败思维。当你面对困难的状况时，想的是"我将会成功"，而不是"我可能输掉"；当你同其他人竞争的时候，想的是"我就是最棒的"，而不是"我可能出局"；当机会出现在你眼前时，想的是"我能够做"，而绝对不要说"我不能"。让伟人们的思想"我会成功"主宰你的思考过程。

思考成功会塑造你的心灵，创造出引导成功的规划。思考失败则产生完全相反的结果，它将侵蚀你的心灵，导致你最终失败。

2. 不断地提醒你自己，你比你想象的要好得多

成功的人并不是超人，成功并不意味着要有超人的智力，成功也不是什么神秘的东西，成功并不是基于运气的好坏。成功人士也只是一些对自己和自己所做的事情怀有坚定信念的普通人。绝对不要——是的，绝对不要——低估你自己。

3. 勇于相信

你的成功的大小取决于你的信念的有无。思考渺小的目标，就会期望渺小的成就。思考较大的目标，就会赢得较大的成功。请记住这一点！大的想法和大的规划通常比小的想法和小的规划更加容易实现，这是被证明了的。

心灵悄悄话

有时候，一瞬间突发的善意能不经意地带来一辈子的良好影响。生命将从此变得更为光明，而你本人也能包含着友善去生活。请日行一善，这样的话，你就能生活在一个更美好的世界里。

爱思考才有新发现

思考是为创造做铺垫的

在整个人类往前迈进的每一步的背后，都有一些人在思考中萌发出创造力的种子，这些人的梦想在某一个夜晚将他们唤醒，而另外一些人的梦想却仍旧在沉睡。这些醒来的人就是我们这个世界必不可少的人，那么，唤醒你的梦想，唤醒你沉睡已久的创造力吧！

在某种程度上，循规蹈矩是大多数人的习惯，规矩的流行，使人自然而然地不去费神思考，而是随波逐流。长此以往，个性将被磨平，思维将会迟钝，自己的聪明智慧化作别人的影子……本来应该是一颗熠熠发光的珍珠，结果却蒙染了一层又一层的尘埃，这难道不可悲吗？

所以，果敢地打碎陈旧的思维习惯，及时让你的创意放射出动人的光彩吧！

下面是几种激发孩子沉睡的创造力的方法：

第一，确立目标。

明确的目标，是激发创造力的源动力。只有先有目标，然后围绕目标，才能具体一步一步地做下去。任何事情都充满着奇思妙想的胚芽，关键不在于这些胚芽，而在于如何让它们萌发。搞创新会占用日常学习时间，但家长必须知道，务实道路需要有创新。

第二，相信自己。

激发创造力最大的绊脚石，是认为自己缺乏创造力。很多孩子有这种观念，完全源自父母、师长错误的灌输。他们以为创造力是不可企及之物，应该以敬畏之心看待发明家。但是，即使是最伟大的创新点子，也并非无计可循、难以琢磨。以电视游乐器发明人诺南·巴希奈为例，他的灵感即来自游戏与电视这两项最受人喜爱的东西，经他一结合，变成了价值5亿美元的点子，其实，这只不过是他一个平凡的联想。

第三，灵感来临，随时记下来。

当意识进入睡眠状态，或沉浸在其他事情时，潜意识仍会继续思索。诗人雪莱曾说："伟大的作家、诗人和艺术家，都曾经证实自己作品的灵感来自潜意识。"

可以教孩子尝试在灵感降临时，放下手边的事，立即捕捉它。富有创造力的人都宣称，他们的灵感通常是在入睡之前，或者刚睡醒时产生的。事实上，他们所说的话是有科学依据的，创造力和脑波阀有关，而脑波阀控制着人熟睡前这段时间的意识知觉。

不妨将便纸条、录音机放在床边，以便灵感来时能迅速记录下来。即使睡意正浓，也别吝于起身整理突如其来的构思，这样所得到的回报，将远远超过加班加点致使睡眠不足所获得的效果。

第四，敢于打破安于现状的束缚。

创新，就是要敢于对现状不满，敢于置疑，敢于追求你更高的目标。

不妨以画画的方式，把问题"记"在纸上。画画和右半脑的活动有关，它能触发影像、观念及直觉；写字则和主控知识、数字、逻辑的左半脑息息相关。让思潮随着信手乱画飞扬，画出你所想的问题，并从各种角度来描述它，进一步在脑中将它转变成动画。逐步习惯以视觉和脑部知觉来处理问题后，你会惊奇地发现，原来激发灵感是这么容易。

第五，创造一个事业而不只是一项生意。

在"知识经济"时代，每个人都应该把自己从事的工作当作一项事业，切实感受到自己为他人、为社会正在作出贡献，从而内心充满自豪感。正如伟大的奥地利心理学家 Viktor Frankl 所说：**"成功就像幸福，是不可被追求的，它必须是一个人献身于一项比自身更伟大的事业时接着而来的、非故意的负效应。"**

第六，思考多种方案。

平常教孩子养成"多找几种答案"的习惯。但有些人只要发现一个解决问题的好方法，马上就会松口气，说："这个办法不错，我们就这么做。"而更富创意的人却会说："方法是不错，不过再想想，看看还有没有其他更好的方法。"

找出各式各样的解决方法需靠不断的思考，一有难题，便将它记录在备忘录上，并写出所有你能想到的相关事件及解决方法，然后再向那些你认为可能会提供好建议的人询问解决之道。

第七，经常反省自己。

这种定期反省的方法，可以帮你确信自己的创造构思。问问自己："不提出计划对我有什么好处？我非得在同学面前扮演指挥者的角色吗？"常常诘问自己，能使你更肯定或矫正或全然放弃原先的构思。不论使用何种诘问的方法，你都在开启着新点子的大门。

第八，相信自己有可行之道。

这种想法可以使你摆脱压力，让思潮自然涌现。如果遇到问题时，老是问自己："我做得来吗？这点子行得通吗？"或因担心做不好、做不成而畏缩不前，反而会阻碍创造力。坦然接受自己、相信自己采取的每种方法、步骤，就能激发你找到解答。

第九，组织"脑力激荡"小组。

"脑力激荡"是一群人，最好 5～8 人，针对一个问题，各尽所能地提出任何可以想到的解决方法。组成这种工作小组的关键在于，必须暂时抛却批评争辩，不论别人提出多么离奇古怪的点子都要认同，使每

位员工的思绪在完全无忧无虑的状态下，尽情发挥想象力。当大家的点子都掏空时，小组便可以就记录开始讨论了，但为了节省集体讨论的时间，必须先让每位员工把记录内容过目一遍，再进行辩论。

这个有趣而有效的方法，可以动员更多人的脑袋构思寻找解决之道。

第十，化创意为行动。

所有的构思都必须付诸实行，才能真正具有价值。不要吝于将创意付诸行动，试试看哪些点子行得通，哪些行不通，然后你就会自己想象出点子，肯定自己的创造能力，并付诸实践，你也就能成为创意天才。

大胆探索未知世界

未知世界是神秘的，这种神秘色彩一方面能吸引人们的兴趣，另一方面又有可能打压人们的激情。有些人容易进入这样一种误区——极力回避未知事物，成了一位谨小慎微的"安全专家"。

人的习惯思维就是，迈出每一步之前，总是希望知道自己走向哪里，达到目的之后会有什么结果。这实际是一种安逸的想法，有点惰性，也有点怯懦。你总是惧怕失败，并且变成一位尽善尽美主义者。你不愿作出任何新的尝试，不敢接受新的挑战。你为了保证成功的安全系数而放弃了自我冒险和努力。当你陷入这种误区时，你便故步自封，没有丝毫长进。须知，未知世界是冒险家的乐园，勇敢而入吧！

其实，你完全不应恐惧未知，神秘的未知并不可怕，恰恰相反，它不仅是科学与艺术的源泉，也是人发展与激情的源泉。也许你经常有这样一种生活体验：对那些每天接触并熟知的事物，你似乎十分厌倦。如果在问题还没有提出之前，你便已经知道其答案，那么你就不会有所发展。令你印象最深的时刻，也许正是你本能地投身于生活，并兴奋地期望神秘的未来的时候。

如果你充分相信自己，你就具备了从事任何活动的信心与能力。一旦你敢于探索那些陌生的领域，就可能体验到人生的各种乐趣。想想那些被称为"天才"的名人，那些生活中颇有作为的人，那些在政界和商界颇有影响的人物，他们都具有一个共同的特性：他们并非仅仅精通一件事情，更重要的是，他们从不回避未知事物。富兰克林、贝多芬、萧伯纳、丘吉尔以及许多其他伟人，他们都是敢于探索未知的先驱者。与你一样，他们也都是普通的人，唯一的区别只不过是他们敢于走他人不敢走的路。

我国著名文学家鲁迅先生也曾说过："**其实，世上本没有路，走的人多了，也便成了路。**"**只有那些勇于探索未知的人，才能带领他人走出一条路来**。你可以用新的眼光重新看待自己，打开心灵的窗户，去尝试那些你一向认为力所不及的活动；否则，你就会以同样的方式反复进行同样的活动，直到你结束自己的一生。事实上，任何一位伟人都是普通而平凡的，他们的伟大之处往往体现在其敢于探索的品质和勇气之上。

要积极尝试新事物，就必须摒弃这种观点——改变现状不如苟且偷安，因为改变将带来许多不稳定的未知因素，并存在一定的风险。也许你一直认为自己非常脆弱，经不起摔打，如果涉足一个完全陌生的领域，就会碰得头破血流，这是一种荒谬的观点。当你身处逆境时，你可以依靠自己战胜困难；当你遇到陌生事物、身处陌生环境时，你不会经不起考验，更不会一蹶不振。相反，如果消除生活中的一些单调的常规，倒会减少你精神崩溃、厌倦生活的可能。如果你不断给自己的生活寻找一些未知的因素，你的生活就增添了许多调味剂，你也会变得更加充实、上进，而不会选择精神崩溃。

你也许还抱有这样一种心理意识："这件事异常独特，让人觉得奇怪，我还是躲得远一些好。"这种心理状态使你无法获得一种积极尝试新生事物的经历。例如，当你看见几个聋哑人在相互用手势交谈时，你

只是觉得十分好奇，你只在一旁观看，也许从未想到与其交谈；如果你遇到一位不会讲汉语的美国人在商场购物，遇到语言障碍，而你正好学过英语，这正是你帮助他人和锻炼自己的一个良机，而你却不敢，因为你害怕露面，担心自己说错英语或者一时搭不上腔而出洋相。于是你可能假装自己什么也不懂，或者悄悄溜走，这样避免了许多可能不利的未知因素。

你还可能认为，我们不管做任何事情，都一定要有某种理由，否则做它又有什么意义呢？这种观点纯属谬论！只要愿意，你可以去做任何事情，而不一定非得等到有一个明确合理的理由。我们没有必要在做每一件事情之前非得寻找一个理由。如果事事都要有理由再做，你就不能去尝试新的经历。当你还是个孩子时，你会逗蚂蚱玩上一个小时，其理由只不过是你喜欢逗蚂蚱玩。你或者还曾因喜欢玩捉迷藏的游戏而只身一人跑到树林"探险"——其实，你当时并没想到任何理由，只不过是因为你喜欢这样。当你慢慢长大成人后，你的行为受到更多的羁绊，你每做一件事情时都得找到一个看似合理的理由。这种"热衷"于理由的做法会阻碍你个人的成长与发展，使你不能放开自己。如果你不必再向任何人——包括你自己——就任何事情提出理由，那将是一种多么令人宽慰的解脱！

对我们每个人来讲，应该养成一种健康的思维和习惯，想做什么就做什么，其原因很简单：因为你愿意这样做。这种思维方式将向你展现出新的活动前景，并有助于消除你迄今为止养成的生活方式——惧怕未知。

不满是创新的源泉

现实生活如果有令你不满的地方，不要只一味发泄，也不要因此自暴自弃。这时候，需要端正自己的想法，应该认识到：现实的不如意也许恰恰是激励你改变现状、开发新天地的大好契机。如果能化不满为创新，你将与成功和财富握手。

加藤信三，原来只是日本狮王牙刷公司的小职员。作为一个再平常不过的小职员，尽管他前一天夜里加班加点，很晚回家休息，尽管他头晕目眩，还想美美地睡上一觉，但是他必须马上起床，赶到公司去上早班。起床后，他匆匆忙忙地洗脸、刷牙，不料，急忙中出了一些小乱子，牙龈被刷出血来！加藤信三不由火冒三丈，因为刷牙时牙龈出血的情况已不止一次地发生过了。情绪不好的他怀着一肚子的牢骚和不满冲出了家门。

作为一个牙刷公司的职员，数次刷牙牙龈出了血，加藤的不满情绪越来越大了。他怒气冲冲地朝公司走去，准备向有关技术部门发一通牢骚。

走进公司大门时，走着走着，他的脚步渐渐地放慢了。

加藤信三曾参加过公司组织的管理科学学习班。管理科学中有一条名言使他改变了自己的态度。这条训诫说："当你遇有不满情绪时，要认识到正有无穷无尽新的天地等待你去开发。"

当他冷静下来以后，和同事们想出了不少解决牙龈出血的好办法。他们提出了改变刷毛的质地、改造牙刷的造型、重新设计毛的排列等各种改进方案。经过论证后，逐一进行试验。试验中加藤发现了一个为常人所忽略的细节：他在放大镜下看到，牙刷毛的顶端由于机器切割，都呈锐利的直角。"如果通过一道工序，把这些直角都锉成圆角，那么问题就完全解决了！"同事们都一致同意他的见解。经过多次实验后，加藤和他的同事们把成功的结果正式地向公司提出。公司很乐意改进自己的产品，迅速投入资金，把全部牙刷毛的顶端改成了圆角。

改进后的狮王牌牙刷很快受到了广大顾客的欢迎。对公司作出巨大贡献的加藤从普通职员晋升为科长，十几年后成为公司董事长。

　　加藤的故事告诉我们一个很重要的经验：从不满中起步，在不满中发现。所以，在某种程度上，不满是发现的第一步，是创新的源泉，是拥抱希望的契机。

心灵悄悄话

假如连什么也不做都能给你带来快乐的话，那么任何事都可以让你快乐。你会明白，有时候快乐不仅仅是好事的结果——它也可以是带来好事的原因。想得到快乐，那么自己要先学会快乐。丢掉那些无谓的烦恼吧，去关注能给你带来收获、创造力、美好经历的事物。对，就从现在开始。别让世界的阴暗面影响你，而应该让自己的光明面去影响世界。

用行动证明自己的能力

脚踏实地朝目标行进

我们每一个人都应该清楚：最终的目标绝不是转眼之间就可以达到的，在未付出辛劳艰苦和屈就的代价之前，空望着那遥远的目标着急是没有用的。而唯有从基本做起，按部就班地朝着目标行进才会慢慢地接近它、达到它。

托马斯是一个普通的邮差，他负责为小区的住户收送邮件。他听说小区内有一位职业演说家，叫桑布恩先生，这位桑先生一年有 160 至 200 天在外出差，于是他向桑先生索要一份全年行程表。桑先生很奇怪，问："您有什么用？"他回答说："以便您不在家时，我暂时代为保管您的信件，等您回来再送过来。"

这让桑布恩很吃惊！因为他从未碰到过这样的邮差。桑先生回答道："没必要这么麻烦，把信放进邮箱就好了，我回来再取也是一样的。"

托马斯解释说："窃贼经常会窥探住户的邮箱，如果发现是满的，就表明主人不在家，那住户就可能要深受其害了。"托马斯想了想，接着说，"这样吧，只要邮箱的盖子还能盖上，我就把信放到里面。塞不

进邮箱的邮件，则搁在房门和屏栅门之间。如果那里也放满了，我把其他的信留着，等您回来。"

托马斯的建议无可挑剔，桑先生欣然同意了。

两周后，桑先生出差回来，发现门口的擦鞋垫跑到门廊的角落里，下面还遮着个什么东西。

事情原来是这样的——

在桑先生出差期间，美国联合递送公司把他的包裹投到别人家了。

托马斯看到桑先生的包裹送错了地方，就把它捡起来，送回桑先生的住处藏好，还在上面留了张纸条，解释事情的来龙去脉，并费心地用擦鞋垫把它遮住，以避人耳目。

如今，不同的邮政公司之间竞争市场份额，比的就是服务，而因为有一批托马斯式的职业化员工，他们所提供的人性化服务，创造了无形价值，使美国联合递送公司在众多竞争对手中脱颖而出！

作为邮差，托马斯拥有什么资源呢？一套蓝色工作服，一只布口袋，但他却创造了价值。用想象力代替金钱，用创造性代替资本，在不增加支出的同时，为客户创造更大价值的能力。不管我们所工作的机构有多庞大，也不管现状有多么糟糕，我们在这个机构中，永远能有所作为。

也许，上司会对我们的表现设置障碍，或对之视而不见，或不能充分赏识和鼓励；也许，上司愿意对我们进行培训，改善我们的业绩。但不管环境怎样，卓越的工作表现，是我们自己抉择的结果。

想一想：我们在工作中是减轻了他人的负担，还是给他们增加了累赘；是带来了喜悦还是增添了麻烦？我们是帮助自己的组织与其目标更近一步，还是与它背道而驰？托马斯是职业化的典范，他真正做到了"以此为生，精于此道"。也许，当我们工作失去激情的时候，看看托马斯的故事，就有一点感觉了吧。

生活中、职场上，许多有抱负的人都忽略了积少才可以成多的道理，一心只想一鸣惊人，而不去做埋头耕耘的工作。等到忽然有一天，他看见比他开始晚的，比他天资差的，都已经有了可观的收获，他才惊觉自己这片园地上还是一无所有。他这才明白，不是上天没有给他理想或志愿，而是他一心只等待丰收，但是忘了播种。

我有一位朋友，时常在闲暇时来找我谈天。他学的是法律，却热衷戏剧，常想有机会跃登银幕，成为大明星。可是，我却从没有看见他去尝试那些可以进入影剧界的机会。

于是我问他："为什么不去试试看呢？"

他说："我不愿去和那些初出茅庐的小孩子们竞争。我已经快 30 岁了，即使考进去之后，也不过是做个小小的配角，有什么意思？我要等什么时候有大公司找某一部影片的主角和我的性格戏路合适的，我一去，就会录用，那才可以一鸣惊人。"

可是，像这样幸运的人能有几个？于是，他只好任岁月蹉跎，年华老大，而他的愿望仍只是个愿望。只因他不肯从头做起，所以永远接触不到他理想的天堂。

单是对自己那无法实现的愿望焦急慨叹是没有用的，要想达到目的，必须从头开始。

所谓"登高必自卑，行远必自迩"；正如爬山，你只好低着头，认真耐性地去攀登。到你付出相当的辛劳努力之后，登高下望，你才可以看见你已经克服了多少困难，走过了多少险路。这样一次次的小成功，慢慢才会累积成大的更接近理想目标的成功。

"只有埋头，乃能出头。"种子如不经过在坚硬的泥土中挣扎奋斗的过程，它将只是一粒干瘪的种子，而永远不能发芽滋长成一株大树。

埋头是一种态度，以谦恭认真的态度去面对脚下的路。但是，现在的你是前进还是原地踏步？是走捷径还是按部就班？关键也许并不在这里，我想问，你的脚走了没有？

你的脚走了没有？我们的脚每天都在走路啊。没错！生理上我们的脚是每天承载着我们的身体奔忙于城市里。这里说的脚是你的行动，你

开始向你的目标行动了吗？

永远不做空想家

有一个坏习惯对人有百害而无一利，它会让人变得浮躁，变成一个空想家。这个习惯就是好高骛远。很多人因为好高骛远，在屡遭碰壁之下也就蝇营狗苟地去经营自己的生活了。

为了不让好高骛远的习惯毁了你，你就必须踏踏实实地去做好身边的每一件事。

有一个24岁的年轻人，他毕业于名牌大学，能言善辩、才华横溢。在某公司的招聘专场上，他给公司老总留下了极深刻的印象。当时他应聘的职位是销售总监，见多识广的老总也被他的雄心壮志吓了一跳：一个初出茅庐的年轻人居然敢应聘这么高的职位，是真有过人之才还是太狂妄？在接下来的45分钟里，年轻人讲述了自己对工作的构想，听得老总直点头。最后老总录取了他，让他先到销售部担任助理的工作，先从基层锻炼一下，再慢慢提升，其实这也是对他的一个试炼。可惜年轻人却未能体会老总的良苦用心，他觉得让自己当助理简直就是大材小用，决策型的人才被白白浪费了。因此，对于分给他的"小事"他根本就不曾用心去做，实用的知识、技能也不看在眼里，就这样浪费了五个月后，老总给了他一次表现的机会：全权组织一个促销活动。他觉得这只是小菜一碟，马上就开始组织。没想到看花容易绣花难，他不知道怎样培训促销员，不知道怎样和商场沟通，不知道怎样布置会场，不知道……

一个星期后，看着他交上来的惨淡的"成绩单"，老总叹了口气："我以为找到了良将韩信，没想到他其实是只会纸上谈兵的赵括。"

结果可想而知——年轻人很快就被公司辞退了。

某名牌大学外语系学生郭冬，快毕业时一心想进入大型的外资企业，最后却不得不到一家成立不到半年的小公司"栖身"。心高气傲的郭冬根本没把这家小公司放在眼里，她想利用试用期"骑马找马"。

在郭冬看来，这里的一切都不顺眼——不修边幅的老板，不完善的管理制度，土里土气的同事……自己梦想中的工作却完全不是这么回事啊。

"怎么回事？"

"什么破公司？"

"整理文档？这样的小事怎么让我这个外语系的高才生做呢？"

"这么简单的文件必须得我翻译吗？"

"就一篇小报告而已，为什么自己不写要我帮忙呢？"

"噢，我受不了了！"

就这样，郭冬天天抱怨老板和同事，双眉不展、牢骚不停，而实际的工作却常常是能拖则拖，能躲就躲，因为这些"芝麻绿豆的小事"根本就不在她的思考范围之内，她梦想中的工作应该是一言定千金的那种。呵，梦想为什么那么远呢？

试用期很快过去，老板认真地对她说："我们认为，你确实是个人才，但你似乎并不喜欢在我们这种小公司里工作，因此，对于手边的工作敷衍了事。既然如此，我们也没有理由挽留你。对不起，请另谋高就吧！"

被辞退的郭冬这才清醒过来，当初自己应聘到这家公司也是费了不少力气的，而且，就眼前的就业形势，再找一份像这样的工作也很困难啊。初次工作就以"翻船"而告终，这让郭冬万分失望与后悔，可一切都已晚矣！

郭冬看不起自己的工作，一心做着外企高级白领的美梦，结果梦想没成真，反倒弄砸了饭碗。**成功不但要有理想，还要能脚踏实地地去工作，一个人如果眼高手低，不从实际出发，只懂得沉浸在宏伟的梦想里，那就叫作好高骛远。一个习惯于好高骛远的人，是不会有未来可言的。**

现实生活中，有些人总是有很高的梦想，但他们却无法脚踏实地地去实现梦想。他们不屑于眼前的这些小事，旁人在他们眼中，也大多是一群庸庸碌碌之辈，谈不上有什么共同语言。但在最初交往时，人们往往会被他们表面的雄心壮志所迷惑，老板也会认为他们是难得的栋梁之材。

而事实上，他们眼高手低，大部分时间都沉浸在自己宏伟的梦想中，长此以往，他们不能也不会做出什么成就，曾经的雄心壮志难免会变成同事们茶余饭后的笑料。除非他们幡然悔悟、奋起直追，否则，等待他们的往往是慢慢沉沦，或者跳到其他的公司去继续发牢骚，即使这样，同样的悲剧也难免再次上演。

如果我们想在公司里出人头地，就应该将自己的梦想与公司的发展结合在一起。我们要从现在的任务做起，一步步认真而又执著地做下去；我们要认真地去拜访客户、调查市场，而且，无论做什么，都要自始至终在脑海中保持着梦想的远景。

只有这样，我们才能把注意力集中在现在需要做的事情上，同时也与我们的梦想保持密切联系，使我们的每一次行动都在向心中的目标前进。当我们集中精力处理当前事务的时候，我们就已经开始成长。实现未来梦想的第一步，就是把当前的工作尽力做好，然后再满怀信心地去做下一个。

这样一来，不但你的心中会时时充满对工作的热爱，你也一定能在工作中体会到无穷的乐趣，逐渐取得越来越大的成就。当你的能力逐渐超过现在职位需要的时候，你就可以充满自信地向更高的职位前进了。一个成功的人总是满怀感激地生活、工作，同时在内心明确地保持着自己的理想。与其天天做白日梦或者失意地愤而退出，不如集中精力并且扎扎实实地努力工作；只有这样，才能更快更好地让你的梦想变成现实。到那时，周围的人一定会对你刮目相看，你将会充分实现自己的梦想和价值。

心灵悄悄话

有句话说的是"相由心生"。要爱那个原本的自己，由内而外，你不只有张帅气或漂亮的皮囊，你还有更多的东西，比如快乐、友善、聪慧、独特、真挚、可爱、古灵精怪、有趣、酷！

蹉跎岁月 一事无成

今天的事明天做得再早都晚了

"明日复明日，明日何其多。我生待明日，万事成蹉跎。世人苦被明日累，春去秋来老将至，朝看水东流，暮看日西坠。百年明日能几何，请君听我明日歌。"

这是明代学士钱鹤滩的《明日歌》，告诫人们要在今天抓紧努力，不要事事都寄希望于明天，如果那样的话，人生将一事无成。

什么是明天呢？"明"字由日月两部分构成，甲骨文以"日、月"发光表示明亮；小篆从日，从月，取月之光。其本义为明亮，清晰明亮。

《荀子·天论》云："在天者莫明于日月。"次于今天者谓之明天，它是一般将来时，指最近的将来光明再次降临的时光，始于子时，终于亥时，不，它并没有终了，而是衔接了另一个明天。

人人都期盼着拥有一个美好的明天。尤其是当我们因今天的经历而充满懊丧的时候，明天总是最好的心灵医疗师，明天总是使我们重新振作起来的灵药。

明天意味着新的机遇、新的成长、新的希望……但这并不意味着你可以把事事都拖到明天去办。那样会使你的许多计划落空，办事效率低下，白白浪费大量的宝贵时间，也易增加思想负担，招致别人不满。

而且，如果明日复明日，当几十年的风霜等闲白了少年头的时候，你就会突然明白自己的一生还没来得及做什么。然而这个时候，一切都已经晚了。即使再鼓足干劲也只能落个"夕阳无限好"。而这，恰恰是人生最大的悲剧。

不要把事情拖到明天，因为那样会贻误战机。

1814年3月31日，沙皇亚历山大率领俄军和各国反法联军进入巴黎，拿破仑被迫退位，被流放到地中海的厄尔巴岛。

1815年3月17日，拿破仑东山再起，进入巴黎，重组资产阶级政府。英、俄、奥和普鲁士等国派出重兵，围攻巴黎。

6月15日、16日两天，拿破仑突破普鲁士12万大军的阵地，并打败英国军队，推进到比利时边境。

但是在这个紧要关头，6月17日，拿破仑却让法军休息了一天，18日才开始进攻固守在滑铁卢的英军，结果，给了英军构筑工事的时间。就这样，在18日的决战中，英军工事起了重要作用，拿破仑在滑铁卢一战惨败，带着1万残兵逃回巴黎。

6月22日，在强大的国际武装干涉下，拿破仑第二次被迫退位，囚禁在大西洋的圣赫勒拿岛上，1821年因病去世。

试想，如果拿破仑6月17日不让士兵休息，而是乘胜前进，那么历史就极有可能改写了。把事情拖到明天，经常会有意想不到的麻烦，而且，明天也总会有明天的事情。

巴尔扎克是位多产的作家，他的时间是一分一秒也不空过的。一次，巴尔扎克太累了，对一个朋友说："我睡一会儿，你1小时后叫醒我。"1个小时过去了，朋友实在不忍心叫醒他。巴尔扎克醒来后，发现超过了1小时，几乎是暴跳如雷地对朋友说："为什么不叫醒我，耽误了我多少时间啊！"朋友不高兴地说："你这么累了，该好好休息一

天，有事情明天不能做吗?"巴尔扎克大怒: "我明天还有别的事情呢!"

但是，在我们的日常生活中，总有些人磨磨蹭蹭，一点简单的事也要拖到明天。那么怎样才能改变这一不良习惯呢?

1. 充分认识到其危害，不要将它看作一种无所谓的习惯

一个经理会因此坐失良机，一个指挥员会贻误战机，一个医生会因拖拉而危及病人的生命。如果年轻时不加以及时纠正，习惯成了自然，会带来许多本来可以避免的麻烦，因此，必须尽早加以根除。

2. 妥善地安排好事情的先后顺序

由于杂乱无章与拖拉是有一定联系的，有的人遇到几件事，不知从何下手而犹豫不决，延误时间。要学会区别事情的轻重缓急，按其重要性与紧迫性依次排队，然后按部就班地处理，以免浪费时间和精力。

3. 为自己规定一个完成某具体事情的期限，限期完成

自我控制力较差的人，也不妨将其计划告知家里人或同学，这样，一方面自尊心可敦促你抓紧时间，履行诺言，另一方面也可及时得到别人的提醒与督促，从而逐渐增强自觉性。

4. 不要避重就轻

避重就轻虽可得到一时的舒服，但到头来会日积月累，难上加难。反正都得做的事，有时不妨先处理棘手的问题或事物，先难后易可使自己得到鼓舞，那剩余的其他任务也就迎刃而解了。

5. 不必为追求十全十美而裹足不前

有些人就是因为怕做得不是很完美，望而却步。其实，想到的也该做的事情最好是立即行动，有些事是需要在实践过程中去完善的。如果能去除过分追求完美的枷锁，就会避免许多自讨的烦恼，也就可变被动为主动了。

不做拖延的人

有些人做事往往时间用得不当，而且他们很少只在某一特定事务上如此，因为这通常是他们那种根深蒂固的行为模式中的一部分，要向好的方面改变，就必须改变多年形成的行为方式。

改变行为方式有两种方法。一种是强迫自己按照新设计的行为方式去做，直到这种方式成为你的一种习惯为止。另一种是利用奖励办法使自己逐渐形成一种新的习惯。

对大多数人来说，做愉快的事情会让人心情好，效率高。反之当你完成一项有困难或乏味的学习之时再去做事，就会觉得思想上不愿意，这时需要让自己休息一会儿，或奖赏自己。这种奖赏可能微不足道，但只要能使你觉得愉快就行了。它可以是些实物、一杯水、一些点心；它也可能是你向正确方向每迈出一小步时心中的自我抚慰。

你要为每一次"小"的成功奖赏自己，而不要专等"大"的成功。

在棒球比赛里，胜利并不取决于击打数目，而是取决于跑回本垒的次数。如果你只跑到三垒，裁判不会因为你跑了四分之三的路程而判你得分。

如果拖延是你行为方式中的主要问题，那你就要改变行为方式，不能再拖延了。

当你发觉自己在拖延一项重要的学习时，你可以尽量把它分成许多小而易于立即去做的学习，而不要强迫自己一下子完成整个学习，但要做好你表中所列的许多"阶段学习"中的一项。

"分阶段各个击破"的原则不只可以用在作战计划之中，也可以用于学习之上。只要你动动脑筋，任何事情都可以迎刃而解。

使你改变拖延的另一个好办法，是用文字来分析你所要做的事情。

在一张纸的左边，列出你拖延某一件事的所有理由，在右边则列出你着手完成这件事可能得到的所有好处。

这样对比后的效果会极为惊人。在左边，你通常只能有一两个情感上的借口，诸如"这会遇到尴尬的场面"或"我会觉得很无聊"等。但是在右边，你会列出许多好处，其中一个好处常是完成一件必须完成而又令你不愉快的学习的那种解脱感。

这种效果表现得非常快速而富有戏剧性。你会从怠惰中清醒过来，并开始学习，获得你表中所列的许多好处。

有时我们认识到不能立刻采取行动，并不是因为做事情有什么特别的困难，而是我们已经养成了拖延的习惯。拖延很少是因为某些特定事情决定的，通常是由一种根深蒂固的行为模式所导致的。这种模式非常可怕。那些办事效率高和效率低的人的最大区别往往在于，办事效率低的人习惯于这样想，这件事虽然必须做，却是一次令人不愉快的过程，因此我尽量把它做完；高效率的人则习惯于这样想，这件事虽然会令人不快，却必须做，因此我现在就要把它做好，好早一点把它忘却。

对于很多人来说，一想到要改变某种根深蒂固的习惯，就感到不自在。他们已经努力过好多次，单纯以意志力量来改变习惯，结果都失败了。其实并没有什么困难越不过去，只要你采用适当的方法。这个适当方法就是不妨自己做个"待办事项"，将不愿做、令人不愉快的事写进"待办事项"中。

请注意，我们这里并没有说"待办事项"是最重要的一项，但也没说"待办事项"不重要。至少它是次于最重要办而不必须办的事。对于最重要的事项，我们是应该分配一段特定的时间去做。而最令人不愉快的事或是待办事，也是需要你特别重视，尽管它常常只是一件小事。

一天过去，由于你已经办好一天必须做的最令你不愉快的事情，这样你就会有一种轻松愉快的感觉。几天后，你就会觉得这是一个好办法，并坚持下去，直到自己感觉很自然。

虽然你第一天只强迫自己照这个办法去做了一次，但是不久你会发觉这会影响到你一整天的决定。当别人每交给你一项不愉快的杂务，你都会渴望把它先解决掉，好迅速得到解决此类事情之后的那种愉快感。

这个办法的好处是改变了你对处理不愿意干的事的心理感受，因为在你面前不再有任何你根本不打算去做或以各种借口拖延要做的事情。当你打算去做你不愿意做的事情时，你就把它列在你的"待办事项"中，这个办法会轻易地把这件难做之事、你有些发怵之事列为第一项，而不是第五项或第十项。现在就开始吧！

心灵悄悄话

> 生活并不总是一成不变的。等到了 70 岁，你后悔的肯定是真正错失了一个机会能让人心如刀割，喝酒、买咖啡、出去玩……这种事你早就做得够多了。现在是该找点新乐趣的时候了。每条街的转角处，也许都有一个新机会、新体验等着你。你所需要做的，是抓住机会，并勇敢地体验它。

第六篇

不依赖才会长大

　　《井底的驴》大致讲的是：一只驴掉进井底时，它的主人决定放弃它。可是到最后它还是靠着自己垫的土块爬了出来。所以在我们自己人生的道路上，不管在路上遇到的人是否可以信赖我们都要靠自己的力量去努力打拼。一个人如果想改变自己的命运，不能靠别人，只能靠自己。即使你有所依靠，也只是靠得了一时，却不能靠得一世。在人生的旅程中，幸福生活在很大程度上要依靠人们自身的努力，依靠自己的勤奋、自我修养、自我磨练和自律自制。

依赖让你失去自我

不依赖于别人而活

在日常生活中，我们有些人过于计较别人的赞同或反对。期待别人的承认、获得别人的赞同、乐于得到表扬，这本是人之常情。但如果你不能正确地看待别人的反对的话，在你通往成功的路上必然会布满荆棘。

当然，为了更好地在这个世界上前进而去寻求别人的赞同，是有益于健康并令人愉快的。但如果你不断地试图取悦于人，那么你将失去自己的个性；如果你过于依赖赞同，那么，你无异于将自己交付给了那个期望得到他们赞同的人，让自己受到别人的支配；如果你把别人的意见或者信念看得比自己更重要，其结果也会同上述的一样。你让别人来支配你，使自己陷入被动的境地。

在这一点上，你应该记住，我们所有的人，自从童年时起便养成了这种习惯。还在蹒跚学步的阶段，我们便被训练着对寻求赞同的信号作出反应。一个年幼的孩子，几乎他做的每一件事，都必须得到父母的允许。"好的"这一简明的告诫，无非是意味着："照我告诉你的那样去做。"

这种方法的结果是，我们绝大多数人被养成了过于依赖别人的习惯，成为遵从者而不是决策人。

不用说，一个社会如果没有道德和社会的准则——没有社会的约束力，这个社会就不可能存在下去。很明显，我们都必须遵循这一种或那一种生活方式。如果你听任别人把一种与你的个性及信念不相容的思维方式和习惯强加给自己，一味遵循并总是追求赞同的话，将会危及你的成功。我们都认为自己能够作出决定，把自己看成一个并不过于依赖别人赞同的人。

下面是几则检验依赖习惯的提问，对照这些问题，你将认识到自己是否真正地摆脱了对赞同的依赖，是否真正摆脱了操纵。

1. 你把自己的感情责任交付给别人吗？

如果某人不赞成你，你感到沮丧吗？

如果某人不注意你或你的成绩，你感到愤怒吗？

如果某人不同意你的意见，你感到有威胁吗？

2. 你经常在不要求道歉的时候道歉吗？

当你在加油站问路时，你用"很抱歉，哪里是……"这类话开头吗？

在一次谈话或者会议上，你喜欢用类似下面的开场白吗？如："当然，我没有权力对这件事或那件事作出决断""当然，我不愿引起任何人的不安""我确实不应当说这些，但是……"

3. 你倾向于让别人显得比你自己更重要吗？

你很容易接受一个好斗的买卖人的恫吓而买下你并不真正喜欢的东西吗？

你容易被人说服去承担自己并不喜欢的工作或责任吗？

你认为让自己付出代价而让别人获得幸福是自己的责任吗？

4. 你允许别人贬低你和你的能力吗？

"哼，他正在四处宣扬他将取得硕士学位。"

"她的愿望将永远不会实现，让她去做梦吧！"

"你们演员都是同样的，表演太过分。"（如果一味迁就，这种嘲弄

将会没完没了。）

对上述问题进行思索后，请想想韦恩·戴尔博士针对那些为了寻求别人的赞同而神经过敏，并自拆台脚的人所说的话：**只要别人是认真负责的，而你自己又不可能改变性格，你就不必冒任何风险。**因此，把寻求别人的赞同作为自己的一种生活方式，将有助于你在自己的一生中安安稳稳地避免任何冒险行动，强化你头脑中那种别人必须照料你的习惯，从而使你回复到自己被人怀抱、保护和指使的孩提时代。

一旦你决心克服掉自拆台脚以寻求别人赞同的习惯，你就应当从一些简单的调整开始，逐步改变自己的习惯。

1．写下白天里你是怎样经常用"对不起"作为话语的开头。

2．写下白天里你是怎样经常地用"我对吗"或"你同意吗"作为谈话的结尾。

3．避免参考任何他人的意见来为自己辩护。

4．承认如下事实：你不可能在任何时候使每一个人都学会在非难中生活。

5．学会依靠自己做出判断。如在买衣物的时候、选择家具的时候，或者在对一些重要问题作决定的时候。

摆脱依赖心理

有一个家喻户晓的民间故事，说的是一对夫妇晚年得子，十分高兴，把儿子视为掌上明珠，捧在手上怕摔，含在口里怕化，什么事都不让他干，以致儿子长大以后连基本生活都不能自理。一天，夫妇要出远门，怕儿子饿死，于是想了一个办法，烙了一张大饼，套在儿子的脖子上，告诉他想吃时就咬一口。等他们回到家里时，儿子已经饿死了。原来他只知道吃前面的饼，不知道把后面的饼转过来吃。这个故事讥讽得未免有些刻薄，但现实生活中类似的现象也不能说没有，特别是如今大多数家庭都是独生子女，父母、爷爷奶奶、外公外婆都视孩子为宝贝，孩子的日常生活严重依赖亲人，造成长大以后生活自理能力极差。

大多数孩子从小到大长期由家长整理生活用品和学习用具，在生活和学习上离开父母就束手无策，只有少数孩子偶尔做些简单家务，这种情况实在堪忧。如果我国的独生子女教育长期下去，有些孩子很可能会养成依赖他人的习惯，甚至形成依赖型人格，从小的方面讲影响了个人的前途，从大的方面讲则是影响了一代人的发展乃至整个国家的命运。

人应该是独立的。独立行走，使人脱离了动物界而成为万物之灵。每个人成长过程中，当跨进青春之门的时候，就开始具备了一定的独立意识，但对别人尤其对父母的依赖常常困扰着自己。依赖，是人心理断乳期的最大障碍。随着年龄增长，身心的发展，孩子一方面比以前拥有了更多的自由度，另一方面却担负起比以前更多的责任，面对这些责任，有些人感到胆怯，有些人感到迷茫，当他们无法跨越依赖别人的心理障碍时，便无法成为独立之人。依赖别人，意味着放弃对自我的主宰，这样往往不能形成独立的人格。

人有依赖时，遇到问题自己不愿动脑筋，人云亦云，或者赶时髦，或者盲目从众，于是失去了自我，失去了本应属于自己撑起一片天地的机会。

在学校，我们时常能看到几个学生凑成一伙娱乐嬉戏，这其中一定有一到两个"灵魂"人物，他们的依赖性较小，而其他几个学生的依赖性则较强。依赖性强的学生喜欢和独立性强的同学交朋友，希望在他们那里找到依靠，找到寄托。有依赖性的学生，在学习上，喜欢让老师给予细心指导，时时提出要求，否则，他们就像断线的风筝，没有着落，茫然不知所措。在家里，一切都听父母摆布，甚至连穿什么衣服都没有自己的主张和看法。这些孩子，当他们一旦失去了可以依赖的人，常常会不知所措。

人的依赖心理主要表现为缺乏信心，放弃了对自己大脑的支配权，没有主见，总觉得自己能力不足，甘愿置身于从属地位；总认为个人难以独立，时常祈求他人的帮助；处事优柔寡断，遇事希望父母或师长为自己作决定。具有依赖性格的孩子，如果得不到及时纠正，发展下去有可能形成依赖型人格障碍。当依赖性过强的人需要独立时，可能对正常的生活、工作都感到很吃力，因为他们内心缺乏安全感，时常感到恐惧、焦虑、担心，容易产生焦虑和抑郁等情绪反应，影响身心健康。

培养自己独立的习惯

培养自己独立自主的习惯不是一件一蹴而就的事情，它需要我们思想上要坚定信念，行动上要从小事做起。

1. 发现自己的能力

首先，我们要相信自己是能够独立的，同时又要在生活中发现自己的能力。你可以先制定一些小的、容易实现的目标，让自己在成功的体验中感受到独立的快乐，进而增强独立的信心。

2. 有独立的思想

独立的行为来自独立的思想，当你的想法与父母不同时，不要急于否定自己的想法，而是要向父母请教他们为什么那样想，仔细听听他们的理论，独立表达自己的见解，从而建立自己独立思考的习惯。

3. 自己作出选择

篮球健将乔丹的母亲曾经深有体会地说："在放手过程中，最棘手、最不放心的问题，是让儿女追求自己的梦想，自己作出事关终身的决定，选择与我为他们确定的不同的发展道路。"这也恰恰是天下多数父母都担心的问题。可是，要想让孩子真正独立，父母一定要冲破这一关，这是孩子独立的关键所在。

　　而我们要做的就是：对自己的事情，要自己负责任，自己作出选择。

　　那么，从现在开始，动手做我们力所能及的事情吧，洗衣服，做饭，整理自己的房间等，你会在这些小事中找到独立的勇气、自信和乐趣。

心灵悄悄话

　　如果说生命是一部激越高亢的乐章，那么，好习惯就是这部乐章中用不断地拾取愿望的音符独自创作的一首迷人的歌，唱着这首歌，就能享受到生活的节奏之美；唱着这首歌，内心深处就会涌动着一种催促着自己奋发向上的力量。

扫去自己天空中的阴霾

不自暴自弃

一个人在生活中难免会遇到各种各样的困难，难免会经历一些挫折或坎坷，这时千万不要灰心失望或自暴自弃，因为这是人生中难免的。能够留下坚实的足迹，走进柳暗花明的境界，靠的是意志和奋发。

2007 年湖南省浏阳三中的一位考生高考故意考零分，以表达对应试教育的强烈抗议。应试教育确实存在弊端，但仍不失为当前选拔学生的一种较好方法和途径。应该说，目前尚无一种更好的方法可以取而代之。当然，有建设性意见和建议只管提便是，但采用如此消极的方式，不仅无济于事，反而暴露出自己的幼稚和无知。

虽然，读书的最终目的不是为了应试，但通过高考，可以检验中学阶段掌握知识的实际情况，也可以看到自己的不足和问题，这对自己的进步有利。何况，学习是一种权利和责任。遗憾的是，这位同学平时学习不用功，甚至连自己也承认"破罐子破摔"。这种自暴自弃的举动，是不足取的，也是对自己、对家庭、对社会不负责任的表现。

现今，已进入了信息化时代。从某种意义上说，人才竞争就是科学知识的竞争。"知识就是力量"。实践表明，那种好高骛远而无真才实学的人，那种刚愎自用而不求上进的人，在激烈的竞争中是很难站稳脚跟的。倘若弄得不好，说不定还会被滚滚的时代洪流所淘汰。

古话说得好："玉不琢，不成器；人不学，不知义。"每一个有理想、有抱负的热血青少年，应该而且必须登高望远，努力学习，奋发向上。这是时代的要求，也是家庭和社会的期待。

有一位学者曾经指出，自暴自弃是成功的头号天敌。其实孟子早就说过："**自暴者，不可与有言也；自弃者，不可与有为也。言非礼义，谓之自暴也；吾身不能居仁由义，谓之自弃也。**"

被称为天才，留有九大交响曲以及很多不朽名曲的贝多芬，得了堪称音乐家致命伤的耳聋，但是他却能突破这个障碍，向音乐奉献了一生的才华。贝多芬说："勇气就是不管身体怎样衰弱，也想用精神来克服一切的力量。25 岁是男人可决定一切的年龄，不要留下任何悔恨。"

处在逆境中，有的人会为了想脱离逆境而奋斗，有的人却会为了无法克服逆境而堕落下去。当然，能成功的一定是前者，自暴自弃毁灭自己的则是后者。

当我们面对失败时，若是心中产生自怨自艾的想法，将会招致严重的挫折感。这种否定的思绪会长久地深植在心中，而且不断地在我们的想法和行为上表现出来。一旦你的脑海中充满失败的感觉后，你的外在行为将会表现得和你的想法一致，而越陷越深。

这种情况会持续且越变越糟，除非你心中的挫败感能消除。以销售员为例，当他处于长期的业务低潮后，若是能创下一笔惊人的销售业绩，则他心中长久以来积蓄的低落情绪，将可戏剧性地一扫而空。

自我肯定能诱发光明积极、活泼开朗的个性而渐渐奠定信心的基石，有了自信为基础等于向成为英雄豪杰的目标迈进一大步，因此而成功立业的类型真是细数不尽。

人可以说是环境的动物，人的性格也并非天生就如此，出生以后的环境也是决定性的因素。但不管环境如何，始终认为自己一定要成功的人最后一定会成功。凡事应该认真奋斗，否则会被环境压垮，而无法成

功，尤其被环境压垮时，人的意志更容易消沉。最重要的还是，越处于逆境中越要有想挣脱出来的这种强烈意志才好。

《包法利夫人》的作者福楼拜曾说："你一生中最光辉的日子，并非是成功的那一天，而是能从悲叹和绝望中涌出对人生挑战的心情和干劲的日子。"

成功并不是最美的，最美的是能在逆境中继续奋斗努力的精神。成功只是那些努力的一个成果而已。

不怨天尤人

对于习惯抱怨的人，人们常会对他避而远之。其实，面对困境，抱怨是无济于事的，只有通过努力才能改善处境。

许多成功的人往往就是在克服困难的过程中，形成了高尚的品格。相反，那些常常抱怨的人，终其一生，也无法产生真正的勇气、坚毅的性格，自然也就无法取得夺目的成就。

人在遭遇不公正待遇时，通常会产生种种抱怨情绪，甚至会采取一些消极对抗的行动，这是一种正常的心理反应。但是，如果我们从另外一个角度，用一种豁达大度的心态来对待它，就会将这种不公正当成对成功者的一种考验。抱怨毫无意义，至多不过是暂时的发泄，结果什么也得不到，甚至会失去更多的东西。一个将自己的头脑装满了过去时态的人是无法容纳未来的。聪明的做法是停止计较过去，停止对自己所遭遇的不公正待遇耿耿于怀。

孔子是一个志向远大的人，一心要以仁义之道来整治家国天下，实现天下的长治久安。为此他曾经广泛游历诸国，希望有君王能够采纳他的思想主张，行礼治，尽仁道，明伦常。可是当时诸侯之间连年攻战，人人自危，奸谋权术横行，勇力军法并重。各个诸侯国王急功近利，欲图自保或者称霸天下，孔子的一整套根治社会弊端的慢功夫自然难以见用于世。因此孔子周游了一大圈之后，最终还是一无所获，怀才不遇，没有实现他的政治理想，甚至因此不断遭到别人的讥讽和嘲弄。

孔子不同于常人之处就在于，他虽然一生郁郁不得志，但却能够通达事理，用他的话讲就是"不怨天，不尤人"。事情做得不顺利既不埋怨老天爷也不迁怒旁人，这是需要相当的修养功夫才能做到的。

一般修养不够的人在做事不顺找原因的时候，往往会有三种方式：一是迁怒旁人，俗话讲就是找一只替罪羊，这就是"尤人"；二是自责于己，否定自己的做法，不再坚持既有的原则；三就是当找不到原因，又想不通时，干脆把一切过错都推给老天爷，这就是怨天了。

孔子的做法不同于以上三者。他虽然一生遭遇挫折，抱负难以实现，但是并不灰心丧气，也不轻易否定自己，而是博学深思以考人情事理，知人生之应当，而后向上通达于天命。也就是说，孔子是明了时势有顺逆、人生际遇有畅达与隐藏，不可一味强求这个道理的。由此他认为，人应该为人之应当所为，既无须苟全易节，也不应怨天尤人。

如此一来，便与天道运行相契合，无所不通了。这才是智者达人所为。所以孔子感叹只有老天才是他的知音，这表明孔子对人生遭遇进退的理解已经与天道自然运行相贯通了，故而他虽然没有实现自己的理想也是无怨无悔。

孔子的这种人生境界，对于现代人摆脱事业生活中的种种烦恼和困惑应该说很有启发。现代人遇到问题习惯于在抱怨中来平衡自己的心理，"怨天尤人"已经是很正常的了，因此往往以无休止的争吵和感情的相互伤害来结束，甚至于干脆进入无端的发泄状态。所以，体会孔子这种通达的人生观就显得尤为必要了。

下面这个故事中，同样的起点，但一个是"怨天尤人"，而另一个是努力学习，适应环境，两者的结局说明了什么道理呢？

阿理从某名牌大学中文系毕业，分配到一个出版公司工作，一心想

干一番大事业。可一开始，上司只分配他校对文稿，这也是有意锻炼他的耐心与毅力。可是他却心生抱怨，终日怨天尤人，提不起兴趣来，对工作毫不认真，经他手校对的文稿错误百出。上司认为，连文稿都校对不好，还能干什么重要的工作呢？

相反，他的一个朋友，硕士毕业后分配到一个政策理论研究机构工作，一开始上司让她搞内部刊物的排版、校对工作，干些杂七杂八的事情。熟悉她的人都觉得是浪费人才，可他这位朋友每天却抱着极大的热情去工作，她认为搞排版也是需要学问的，甚至校对文稿也是一件不容易的事。有时为了赶刊物出版时间，她连休息日都搭进去，她不但把自己负责的事情搞好，还主动分担一些理论研究工作，文章也写得非常有深度。她的才能与品行很快得到了上司的赏识，工作不到两年，就已经成为单位的工作骨干，并被提升为该刊物的实际负责人。

所以，怨天尤人有百害而无一益。只要有真才实学，终究会被赏识的。金子和黄铜放在一起，终究是会发出光彩的。

下面这个农民企业家的故事，也很让人感慨。

他是一个农民，初中没毕业家里就没钱继续供他上学了，他只得辍学回家帮父亲耕地。他19岁时，父亲去世了，家庭的重担全部压在他的肩上。他要照顾身体不好的母亲，还有一位瘫痪在床的祖母。

他听说养鸡能赚钱，就向亲戚借了一笔钱养鸡。一场洪水后，鸡得了鸡瘟，几天内全部病死了。他背负下巨额债务，母亲受不了这个刺激忧郁而死。后来他酿过酒，捕过鱼，甚至还在石矿的悬崖上帮人打过炮眼，但都没有赚到钱。35岁的时候他还没有结婚，因为他太穷了。

他还想搏一搏，就四处借钱买了一辆拖拉机。不料，上路不到半个月，这辆拖拉机就载着他发生了一场事故。他断了一条腿，成了瘸子。那辆拖拉机也支离破碎，他只能拆开它当作废铁卖。几乎所有认识他的人都说他这辈子完了。

后来，他却成了一家公司的老总，手中资产两亿元。现在，许多人都知道他苦难的过去和富有传奇色彩的创业经历。许多媒体采访过他，其中有一个令人难忘的情节是：记者问他："在苦难的日子里，你凭什么一次又一次毫不退缩？"他回答记者："我怨天尤人，有什么用啊！除了我自己，还有谁能救我啊。"

想有所作为的人们，请不要再把时间和精力徒劳无益地耗费在怨天尤人上，放眼未来，机会在向我们招手，只有靠自己的勤奋努力，才能闯出一片属于自己的天空！

心灵悄悄话

坏习惯就像是行驶在岁月之海上的理想之轮里的老鼠，早晚有一天会把船底啃穿，使其在不知不觉中沉没，而好习惯则是高挂在这理想之轮上的风帆，有了这风帆，不管是哪个方向的来风都能让它成为推动我们前进的动力，从而把我们送到自己渴望到达的港湾。

一次只做一件事

你全力以赴了吗

有这么一个故事:

有一年冬天,猎人带着猎狗去打猎,猎人一枪击中了一只兔子的后腿,受伤的兔子拼命地逃生,猎狗在其后穷追不舍。可是追了一阵子,兔子跑得越来越远了。猎狗知道实在追不上了,只好悻悻地回到猎人身边。猎人气急败坏地说:"你真没用,连一只受伤的兔子都追不到。"猎狗听了很不服气地辩解道:"我已经尽力而为了呀!"

兔子带着枪伤成功地逃生回家后,兄弟们都围过来惊讶地问它:"那只猎狗很凶呀,你又受了伤,是怎么甩掉它的呢?"兔子说:"它是尽力而为,我是竭尽全力呀!它没追上我,最多挨一顿骂,而我若不竭尽全力地跑,可就没命了呀!"

这个故事让人深思,它给我们的启示:**每个人都有极大的潜能,谁要想创造奇迹,仅仅做到尽力而为还不够,必须竭尽全力才行。**

比如学习,在期中复习的阶段,每一位同学都必须投入到期中复习中,而且还要集中精神,充分利用课余时间,掌握好自己课堂中没有掌握好的知识。在复习之前,要规划好自己的复习计划,合理地安排自己的复习时间，协调好每门课程的复习时间，做到有备无患。全力以赴，不仅尽力而为，更要竭尽全力。这样才能打好期中考试的攻坚战。

凡事尽力了，才会有成就；不尽力，一事无成；尽力了，才欣慰；不尽力，心不安。

迈克·兰顿出生在一个不正常的家庭里：父亲是个犹太人，十分排斥天主教徒；母亲却偏偏是个天主教徒，却又十分排斥犹太人。

在迈克小的时候，母亲经常闹着要自杀，当遇到不顺心的事时，便抓起衣架追着他毒打。就因为生活在这样的环境中，所以他自幼就有些畏缩且身体瘦弱。然而日后他在那部叫座的影片——《草原上的小屋》中却扮演了那个殷格索家庭的一家之主，坚毅而充满自信的性格给大家留下了深刻的印象。迈克的人生为什么会有这样的改变呢？

在他读高中一年级时的一天，体育老师带这一班学生到操场去教他们如何掷标枪，而这一次的经验就此改变了他后来的人生。在此之前，不管他做什么事都是畏畏缩缩的，对自己一点自信都没有，可是那天奇迹出现了，他奋力一掷，只见标枪越过了其他同学的纪录，多出了足足有 30 英尺。就在那一刻，迈克知道了自己的前途大有可为。

在其日后接受《生活》杂志的采访时，他回想道：

"就在那一天，我才突然发现，原来我也有能比其他人做得更好的地方，当时便请求体育老师借给我那支标枪，在那年整个夏天里，我就在运动场上掷个不停。"

迈克发现了使他振奋的未来，他全力以赴，结果拥有了惊人的成绩。

那年暑假结束返校后，他的体格已有了很大的改变，而在随后的一年中他特别注意加强重量训练，使自己的体能逐步提升。

在高三时参加的一次比赛中，他掷出了全美中学生最好的标枪纪录，因而也让他赢得了南加大的体育奖学金。

后来，他因锻炼过度而严重受伤，经检查证实得永久退出田径场，这使他因此失去了体育奖学金。为了生计，他不得不到一家工厂去担任

卸货工人，他的梦似乎就此完了，永远无法成为一位国际瞩目的田径明星。

不知道是不是幸运之神的眷恋，有一天他被好莱坞的星探发现，问他是否愿意在即将拍摄的一部影片——《鸿运当头》中担任配角。这部影片是美国电影史上所拍第一部彩色西部片，迈克应允加入演出后从此就没有回头，先是当演员，然后做导演，最后成为制片，他的人生事业就此一路展开。一个梦想的破灭往往是另一个未来的开始，迈克原先有在田径场上发展的目标，这个目标引导着他锻炼强健的体格，后来的打击又磨练了他的性格，不料这两种训练却成了他另外一个事业所需的特长，使他有了更耀眼的人生。

有时候，机会是乔扮成失望而出现在我们眼前的。机遇之神出现时，从不佩戴财富、成功或者荣誉的标志。做每一件事，都要竭尽全力，否则，最好的机会都会无声无息地从我们身边溜走。

专注才有成就

历史上，人们眼中的聪明、拥有极高天赋的人很少能取得令人惊羡的成就，相反，那些看似平平庸庸的普通人反而取得较大成功。这的确是一件令人惊奇的事情。

如果我们仔细地分析一下，就会发现，这种现象并不奇怪。那些看似愚钝的人对自己有明确的认识，他们知道自己要想取得成功，必须具有比别人更顽强的毅力，付出比别人更大的努力。所以，他们一旦确定做什么事情，就会具有坚如磐石的决心，不受任何诱惑、不偏离自己的既定目标，专心致志地去做自己的事情。相反，那些聪明的人，自认为高人一等，做什么事情都马马虎虎、三心二意，面对一点点的小挫折就会转移自己的目标，他们往往没有一个明确的生活目标，四处出击，结果分散精力，浪费才华，自然也就很难取得什么比较杰出的成就。

即便是拥有相同才智的人，在同一个环境中，在同样的时间内，也是有些人学到的知识多，做出的成就比别人高，这是因为他们意志坚强，注意力集中，所以能够全身心扑在自己的事业上。甚至可以说，他们做起事来，有一股忘我的、六亲不认的劲头。据说爱迪生在新婚之夜，突然想到一个问题，于是抛下新娘，一头扎到实验室里研究起来，直到有人来叫他，他才想起今天是什么日子。想想看，如果没有这种干劲，爱迪生在他的一生中能做出那么多的发明贡献吗？

詹姆斯·瓦特从小就被认为是出了名的心灵手巧，很小的时候，他就对机械构造产生很大兴趣，他常常跑到父亲的造船作坊里观看工匠做工。小瓦特的大部分课余时间都消磨在车间里，观察大人们干活，静静地思考。瓦特是一个非常内向、好静的孩子。但是，只要是他感兴趣的事，无论他准备做、正在做还是暂时中断，他都会把全部心思花在上面。用了很短的时间他就掌握了修理航海仪表的技术，工匠们都很喜欢他，夸他说："每根手指头上都刻着好运纹。"正因为如此，他才做出很伟大的发明创造——高效率蒸汽机。

所以，你要记住：如果不专心致志就永远不会取得成功。

心灵悄悄话

　　有一个旅行者，他每到一地，都有寻找奇异的小石子作留念的习惯。有一次，他却在一座山下的一条融雪汇聚成的冰一样的溪流里，发现了一颗硕大的钻石。是的，好习惯就是让我们不断发现成功钻石的寻宝图，是一本在生命的银行里不断扩展我们人生价值的存折。